Paulo Farias

Por que trabalhar na TI?

Perguntas e respostas sobre um trabalho cheio de oportunidades, arriscado e que muda o tempo todo

Por que trabalhar a TI? - Perguntas e respostas sobre um trabalho cheio de oportunidades, arriscado e que muda o tempo todo
Copyright© Editora Ciência Moderna Ltda., 2015

Todos os direitos para a língua portuguesa reservados pela EDITORA CIÊNCIA MODERNA LTDA.

De acordo com a Lei 9.610, de 19/2/1998, nenhuma parte deste livro poderá ser reproduzida, transmitida e gravada, por qualquer meio eletrônico, mecânico, por fotocópia e outros, sem a prévia autorização, por escrito, da Editora.

Editor: Paulo André P. Marques
Produção Editorial: Aline Vieira Marques
Assistente Editorial: Dilene Sandes Pessanha
Capa: Carlos Arthur Candal
Diagramação: Carlos Arthur Candal
Copidesque: Equipe Ciência Moderna

Várias **Marcas Registradas** aparecem no decorrer deste livro. Mais do que simplesmente listar esses nomes e informar quem possui seus direitos de exploração, ou ainda imprimir os logotipos das mesmas, o editor declara estar utilizando tais nomes apenas para fins editoriais, em benefício exclusivo do dono da Marca Registrada, sem intenção de infringir as regras de sua utilização. Qualquer semelhança em nomes próprios e acontecimentos será mera coincidência.

FICHA CATALOGRÁFICA

CASTRO FILHO, Paulo Farias.

Por que trabalhar a TI? - Perguntas e respostas sobre um trabalho cheio de oportunidades, arriscado e que muda o tempo todo

Rio de Janeiro: Editora Ciência Moderna Ltda., 2015.

1. Informática
I — Título

ISBN: 978-85-399-0590-4   CDD 0001.642

Editora Ciência Moderna Ltda.
R. Alice Figueiredo, 46 – Riachuelo
Rio de Janeiro, RJ – Brasil   CEP: 20.950-150
Tel: (21) 2201-6662/ Fax: (21) 2201-6896
E-MAIL: LCM@LCM.COM.BR
WWW.LCM.COM.BR

Dedico este livro aos profissionais de TI com quem aprendi muito e tive o prazer de trabalhar na Rapp Digital, Brasil Assistência, Banco Real, Equifax, Boa Vista Serviços e Serasa.

Agradeço ao meu irmão Gustavo por introduzir-me na arte dos desenhos de cordel que ilustram todos os capítulos.

Agradeço a minha família, Thomas, Lucas, Amanda e Kátia, pela paciência e suporte nas longas horas dedicadas a escrever este livro.

Sumário

Capítulo 1 - Introdução 1

Capítulo 2 - Por que os profissionais de TI se comunicam mal? 3

    Conclusão 3

    Saiba o porquê 4

    Explicar algo complexo a um público leigo não é uma tarefa simples 4

    A complexidade de TI dificulta o processo de comunicação ... 5

    A brincadeira de não falar jargão 5

    O *Embromation* foi inventado pela TI 6

    Numa relação cliente-fornecedor, ambos os lados usam a informação a seu favor 7

    O profissionalismo também é feito de perspicácia 8

    O coordenador que tratava a equipe como se fossem servidores 9

    Líderes autoritários vivem a ilusão de que se comunicam bem. 9

    A falta de comunicação aumenta a complexidade das tarefas . 10

Capítulo 3 - Por que a TI falha tanto? 11

    Conclusão 11

    Saiba o porquê 12

VIII — Por que trabalhar na TI?

A TI culpa a tecnologia para defender-se..................................13

A tecnologia falha quando a TI erra ou a empresa não investe nela..14

As causas externas compõem uma pequena parcela dos incidentes...15

A TI falha ao perder o controle sobre a solução técnica........15

Soluções mal desenhadas geram falhas na operação............16

Os projetos de TI falham porque as pessoas erram................16

Apenas um terço dos projetos de TI são bem sucedidos.......17

A maioria dos incidentes é causada por falhas humanas ou de processos..18

Falhas no projeto de sistemas são erroneamente entendidas como falhas humanas..19

Falhas humanas deveriam representar apenas um percentual pequeno dos incidentes 19

Falhas humanas são minimizadas com o profissionalismo....20

A maioria das falhas de TI não decorre de problemas com funcionários de baixo escalão..21

Capítulo 4 - Por que o negócio faz da TI um bode expiatório? 23

Conclusão..23

Saiba o porquê 24

O elemento mais comum do universo, depois do hidrogênio, é a estupidez...24

Desenvolvemos a habilidade de culpar os outros desde cedo..25

O negócio sempre culpa a TI 26

A TI supre as meias verdades dos seus clientes internos 27

A TI é um bode expiatório perfeito para o negócio 27

O relacionamento entre a TI e o negócio é um monopólio bilateral 28

A TI precisa aprender a "trocar reféns" com o negócio.........28

Capítulo 5 - Por que a TI é sempre um gargalo? 31

Conclusão...31

Saiba o porquê 32

O aumento da eficiência da TI produz um aumento da demanda do negócio 33

Os gargalos da TI limitam o desempenho da empresa...........33

Quanto maior a dependência da TI, maior é a possibilidade dessa ser um gargalo 34

Na maioria das empresas, a TI é vista como um gargalo.......35

A má gestão de gargalos causa rupturas na estrutura da TI ...36

As áreas de TI precisam aprender a defender e executar a sua estratégia de eficiência operacional 37

Capítulo 6 - Por que é urgente redefinir o termo "urgência" para os usuários? 39

Conclusão...40

Saiba o porquê 40

O trabalho na TI é sempre contingente 41

Sobra para o profissional de TI a dificuldade de lidar com a obrigação de fazer tudo..41

X — Por que trabalhar na TI?

Numa relação cliente-fornecedor na qual tudo é urgente, nada é urgente 42

Algo é realmente urgente se for importante 43

Perdemos a gestão do nosso tempo ao atendermos tudo como urgente 43

O impacto no negócio é o balizador das prioridades na TI ... 44

A empresa precisa operar para existir 44

Uma empresa não pode operar sem conformidade 45

O faturamento requer previsibilidade, exatidão e agilidade da TI 46

É necessário faturar para criar produtos e melhorar 46

Pisei na bola, é urgente! 47

Capítulo 7 - Por que a TI possui baixos índices de satisfação? 49

Conclusão 49

Saiba o porquê 50

Heroísmo não garante a satisfação dos clientes 51

O usuário só se lembra da TI quando há indisponibilidade ... 51

Quanto maior a utilidade de um serviço maior é a satisfação do usuário 52

A satisfação é um julgamento a posteriori de uma transação com base numa expectativa 52

O monopólio da TI é uma fonte constante de insatisfação 53

A TI precisa de uma estratégia para garantir um relacionamento saudável com os seus clientes 54

O comportamento típico da TI causa insatisfação 55

A TI é uma das áreas mais odiadas nas empresas 56

Capítulo 8 - Por que desenvolver pessoas, e depois sistemas? 59

Conclusão 59

Saiba o porquê 60

Os profissionais desenvolvem-se quando lidam com situações de complexidade crescente 61

O trabalho em TI é um ambiente perfeito para estimular o desenvolvimento profissional 62

Os líderes de maior desempenho realizam através das pessoas ... 62

Os líderes que não desenvolvem pessoas tendem a se esgotar com o tempo 63

O desenvolvimento profissional aumenta a empregabilidade na TI 64

Capítulo 9 - Por que os "chefes" ameaçam e fazem piadas sem graça? 67

Conclusão 67

Saiba o porquê 68

As pessoas raramente são motivadas pela solução elegante de outra pessoa 69

Executivos de TI de alto desempenho pensam analiticamente e agem de forma colaborativa 69

Gestores autoritários não desempenham bem em longo prazo 70

XII — Por que trabalhar na TI?

Os líderes autoritários que ameaçam a equipe para obter resultados em curto prazo são conhecidos como "chefes" 71

"Chefes" não respeitam o trabalho da equipe........................72

Os líderes autoritários eventualmente assediam moralmente 73

Capítulo 10 - Por que os Nerds precisam aprender a fazer política?........................75

Conclusão........................75

Saiba o porquê 76

Os profissionais de TI lidam diariamente com dissabores não técnicos 77

Participamos simultaneamente de vários jogos no trabalho ..78

Os profissionais de TI precisam aprender a fazer política 79

O profissional de TI precisa superar o seu viés técnico........80

Saber jogar é uma competência........................80

Saber jogar é a competência de fazer política sem fazer politicagem........................81

Profissionais políticos e competentes sobem em qualquer empresa 82

Capítulo 11 - Por que na TI tudo é número?..................85

Conclusão........................85

Saiba o porquê 86

Animais e seres humanos possuem habilidades matemáticas naturais........................87

O cérebro usa a lei do menor esforço para resolver problemas ...87

O nosso senso comum pode nos induzir ao erro 88

Medir, medir para quê? 89

Mantenha o seu gestor bem informado 89

Capítulo 12 - Por que as pessoas são demitidas? 91

Conclusão 91

Saiba o porquê 92

As pessoas são contratadas pelas suas habilidades técnicas, mas são demitidas pelos seus comportamentos 92

Profissionais de TI são demitidos porque não percebem os sinais da mudança 93

Profissionais de TI são demitidos porque não agiram diante dos sinais de mudança 94

Profissionais de TI são demitidos porque não mudam de comportamento 95

Profissionais de TI são demitidos porque escolheram a empresa errada para trabalhar 96

Capítulo 13 - Por que gostamos do que fazemos e odiamos o nosso trabalho na TI? 99

Conclusão 99

Saiba o porquê 100

As empresas estão cada vez menos tolerantes a desvios de comportamento 100

Nem todas as grosserias que acontecem no ambiente de TI são classificadas como assédio moral 101

XIV — Por que trabalhar na TI?

A presença ou ausência de grosserias impacta diretamente o resultado da TI 102

Grosserias no trabalho aumentam o risco operacional 103

Grosserias no trabalho aumentam o custo 103

A carga excessiva e o estresse na TI causam problemas de comportamento 104

Muitas empresas toleram a falta de educação no trabalho enquanto o colaborador obtiver resultados 104

O trabalho sem prazer só não é escravidão porque você é pago por ele 106

Capítulo 14 - Por que a maioria dos Planejamentos Estratégicos de TI é para inglês ver? 107

Conclusão 107

Saiba o porquê 108

A maioria dos Planejamentos Estratégicos de TI é para inglês ver 109

Metade dos Planejamentos Estratégicos de TI nasce sem direcionamento claro do negócio 109

A Estratégia do negócio raramente oferece uma direção clara para o desenvolvimento de capacidades 110

A elaboração da Estratégia de TI é uma grande oportunidade para os arquitetos 111

Os especialistas em tecnologia desenvolvem as capacidades de TI, e não os executivos 111

O CIO articula a estratégia que os especialistas arquitetam 112

O Planejamento Estratégico de TI só funciona se a TI planejar e desenvolver capacidades ao longo do ano 113

Capítulo 15 - Por que as melhores práticas recomendam, mas não explicam como a TI funciona? 115

Conclusão 115

Saiba o porquê 116

Existe uma classe de problemas que não é resolvida unicamente por soluções técnicas 117

As pessoas reagem a incentivos 117

Soluções que se baseiam apenas no apelo à consciência não funcionam 118

TI fica às vezes presa a um sistema ineficiente para manter os seus processos funcionando 119

TI necessita criar incentivos econômicos para o consumo eficiente de seus serviços 120

O custeio da TI é o ponto de partida para o consumo eficiente de recursos 120

As demandas do negócio são sempre superiores à capacidade da TI 121

O departamento da Tecnologia da Informação funciona como um monopólio 122

Os clientes internos tendem a achar a TI cara e improdutiva 123

O Outsourcing é visto como uma maneira de tornar a TI mais ágil e reduzir os seus custos 123

A opção por terceirizar é um problema econômico 124

Os custos de transação determinam a organização da TI 125

As melhores práticas recomendam, mas é a economia que explica como a TI funciona 126

Capítulo 16 - Por que contos de fadas e o trabalho na TI têm algo em comum? 127

Conclusão 127

Saiba o porquê 128

Histórias são usadas para explicar conceitos 129

Bons contadores de histórias são bons comunicadores 129

Quando crescemos conseguimos entender e contar histórias mais sofisticadas 130

Saber contar histórias é uma competência 130

Histórias precisam ser e parecerem verdadeiras para funcionarem 131

Capítulo 17 - Por que o Outsourcing de TI aumenta os custos? 133

Conclusão 133

Saiba o porquê 134

O *Outsourcing* evoluiu da propensão humana à troca 135

O que determina a opção pelo *Outsourcing* é o custo para organizar uma transação 136

Realizar um *Outsourcing* não necessariamente implica reduzir custos 136

O *Outsourcing* pode aumentar os custos, se não usarmos métricas adequadas 137

A demanda reprimida de serviços pode aumentar o custo do *Outsourcing* 138

As empresas de *Outsourcing* começam a elevar o preço após o primeiro ano de contrato 139

A complexidade e a qualidade dos serviços aumentam os custos do *Outsourcing* 139

A perda do conhecimento aumenta os custos do *Outsourcing* 140

A falta de informação sobre os custos do fornecedor e do mercado aumenta o custo do *Outsourcing* 140

Os contratos de *Outsourcing* mais longos possuem uma cláusula de redução de custos 141

Capítulo 18 - Por que o profissional de TI precisa aprender a lidar com as preocupações? 143

Conclusão 144

Saiba o porquê 144

Os preocupados passam o dia ruminando cenários negativos 144

Os preocupados crônicos não toleram a incerteza 145

O profissional de TI precisa aprender a lidar com as suas preocupações 146

A incerteza é na realidade neutra 146

Se algo pode dar errado, o dado não pode ser ignorado 148

Existem coisas que não estão sob o nosso poder 149

Temos uma propensão a nos indignarmos com aquilo que não controlamos 149

O preocupado crônico está sempre ausente 150

XVIII — Por que trabalhar na TI?

É necessário que o profissional de TI faça uso das oportunidades de se engajar..150

O engajamento ativo em projetos valiosos diminui a importância das preocupações miúdas.....................................151

Capítulo 19 - Por que as TIs são iguais, só muda de endereço?..153

Conclusão...153

Saiba o porquê 154

Não existe um método que resolva todos os problemas......155

Problemas são resolvidos em situações específicas............155

Os problemas não são resolvidos, são conciliados...............156

Problemas de TI mal conciliados são fontes constantes de estresse e rupturas na organização...157

O gestor competente transforma os enigmas de TI em oportunidades para desenvolver a sua equipe.......................158

Capítulo 20 - Por que você não deve fazer aquilo que não puder contar?..159

Conclusão...159

Saiba o porquê 160

A desinformação é uma tática militar antiga 161

A desinformação é uma prática corporativa 162

A manipulação da informação é um jogo 162

A credibilidade das palavras é bem questionável 163

As áreas de uma empresa manipulam a informação quando se relacionam..164

A TI e os seus fornecedores manipulam a informação quando se relacionam 164

Existe uma desinformação funcional nas empresas 165

Capítulo 21 - Por que trabalhar na TI? 167

Conclusão 167

Saiba o porquê 168

O trabalho está associado à punição, ao castigo 168

O trabalho na TI é caótico, complexo e muda o tempo todo 169

Há muitas oportunidades para quem trabalha em TI 169

A especialização crescente aumenta o trabalho alienado na TI 170

Um profissional bem informado tende a se engajar 171

É muito difícil trabalhar na TI se não fizer sentido 171

Trabalhos dotados de sentido são trabalhos de engajamento ativo em projetos valiosos 172

A TI entrega mais valor ao negócio se o trabalho fizer mais sentido 173

O profissional de TI precisa ter "estômago" para lidar com a dinâmica da profissão 173

Referências Bibliográficas 175

Capítulo 1

Introdução

O trabalho na TI é complexo, arriscado e muda o tempo todo. Risco decorrente da complexidade de uma infraestrutura cuja tecnologia é atualizada constantemente. Essa mudança contínua cria um incontável número de oportunidades para os profissionais de TI que se deparam com contingências diárias, chefes que estão aprendendo a gerenciar equipes e clientes cujas prioridades possuem consistência de geleia.

Clientes que pressionam a TI pelo aumento da capacidade de entrega e por prazos mais curtos. Inconformados com o monopólio da TI buscam liderar alternativas de fornecimento externas viabilizadas pela própria tecnologia.

Diante de uma régua de exigência sempre crescente, o profissional de TI precisa aprender de uma hora para outra a gerenciar fornecedores, a criar serviços e a desenvolver competências comportamentais para desempenhar melhor.

Nos departamentos de TI, existem dois extremos de profissionais: o técnico que se comunica mal, tímido, e vive dentro de uma ostra; e o profissional articulado que detém um conhecimento profundo da empresa e dos clientes. Todos são necessários. Seja qual for o seu estilo, você precisa se posicionar diante das inúmeras situações corriqueiras na TI: jogos políticos com os clientes e colegas; chefes grosseiros que infantilizam a equipe; clientes que usam a TI como bode expiatório; a baixa satisfação dos usuários; terceirizações que aumentam custos e a empregabilidade numa estrutura cuja única certeza é a mudança.

2 — Por que trabalhar na TI?

Este livro busca respostas para essas situações adversas que parecem se repetir em todas as TIs. A TI só muda de endereço, mas as pessoas fazem a diferença. O texto possui uma visão pragmática e extrai um sentido novo e bem-humorado de assuntos tão diversos como planejamento estratégico, o sentido e a preocupação no trabalho, o heroísmo, a promoção, a demissão e a arte do dizer "não".

O mercado de trabalho na TI é um dos que mais cresce em vagas e profissões novas. Por ser um mercado extremamente competitivo, a empregabilidade é determinada pela capacidade de aprender, pelo estômago e pelas competências comportamentais.

O propósito deste livro é ajudar o leitor a desenvolver um pensamento independente sobre a TI, a agir da maneira mais eficaz dentro dela, a aproveitar as oportunidades e a entender a lógica oculta por trás de assuntos que parecem ser simples, mas são complexos e dominados por aqueles que ganham mais.

Capítulo 2

Por que os profissionais de TI se comunicam mal?

Conclusão

A TI se comunica mal com as demais áreas da empresa porque utiliza com frequência o *Embromation* nas suas comunicações escritas e verbais. Idioma criado com o objetivo de manter o que acontece na TI dentro da TI.

4 — Por que trabalhar na TI?

Os profissionais de TI falam e escrevem da mesma forma que se comunicam internamente. Isso dificulta o entendimento das comunicações e o relacionamento com as áreas não técnicas, impactando o desempenho.

Muitos gestores foram promovidos de funções técnicas sem a oportunidade de desenvolver duas competências que são questões de sobrevivência. A primeira, a capacidade de explicar a complexidade da tecnologia da informação para um público leigo. A segunda, uma mescla de comunicação e política: a habilidade de comunicar problemas sem dar um tiro no pé.

Saiba o porquê

Em 1997, uma executiva da NASA foi a público explicar os detalhes da missão da sonda *Mars Pathfinder* à Marte. Temas complexos como a tecnologia, a aterrissagem e os objetivos da missão foram explicados de uma forma simples e compreensível a todos.

Uma jornalista perguntou como ela conseguia explicar tão bem um assunto tão complexo. A executiva respondeu que estudou durante meses o projeto, treinou muito a comunicação e ao responder uma pergunta visualizava um público sem nenhum conhecimento de tecnologia.

Explicar algo complexo a um público leigo não é uma tarefa simples

O domínio completo sobre o tema não garante uma boa comunicação. É preciso fazer hora extra.

Explicar algo complexo a um leigo exige um grande esforço, pois é necessário abstrair as partes do complexo que não comprometem a explanação ou fazer analogias a outros sistemas mais simples que tenham comportamentos semelhantes.

A comunicação fica mais clara sem termos rebuscados. Além disso, a objetividade aumenta porque a comunicação fica restrita a conceitos simples, evitando a dispersão.

A clareza e objetividade numa mesma comunicação fazem com que a mensagem seja inteligível, mesmo que o conteúdo seja sobre a tecnologia da informação.

A complexidade de TI dificulta o processo de comunicação

A multiplicidade de tecnologias, metodologias e infraestruturas dificulta a tarefa de comunicar, de maneira simples, o que acontece na TI.

Como a infraestrutura precisa de investimentos contínuos, são necessárias constantes comunicações de mudanças, explicações de problemas, justificativas de investimento ou descrições de novas tecnologias.

Essas comunicações referem-se à infraestrutura por meio de nomes que só um pequeno grupo conhece. Isso torna a tarefa mais difícil, pois o profissional de TI deve se comunicar com áreas não técnicas sem mencionar termos técnicos ou componentes da sua infraestrutura. É quase a brincadeira de não poder falar sim ou não.

A brincadeira de não falar jargão

Saber se comunicar com as áreas de negócio é o mesmo que brincar de não falar jargão. Se você fala jargão, você perde. Você não sabe se comunicar.

As pessoas usam o jargão para serem breves[89]. Elas tentam empacotar a máxima quantidade de informação numa única frase. Podem até ser sucintas, mas deveriam ser mais claras do que breves.

6 — Por que trabalhar na TI?

Os jargões surgem quando grupos criam termos baseados no seu trabalho para facilitar a comunicação interna. O linguista Alfredo Niceforo tem uma frase sobre isso: "exercer diferentes ocupações significa falar de maneira diferente"[13]. Aliás, a palavra *Jargon* vem da França e significava a gíria dos ladrões.

A especialização de um profissional e a sua linguagem habitual possuem assim uma relação direta – mesmo que o trabalho não seja digno. O profissional tende sempre a se comunicar usando a terminologia própria e o jeito de falar do seu universo de trabalho. Isso dificulta a comunicação para fora do mesmo grupo que entende os jargões. Observamos isso em várias áreas técnicas, não necessariamente na TI. Tome, por exemplo, o Jurídico, que utiliza uma linguagem própria do direito nas suas comunicações.

Este é o problema da TI: ao utilizarmos um jargão fora da área, dificultamos a comunicação e, portanto, o relacionamento com o negócio.

Fazemos isso utilizando conceitos abstratos como DMZ, IDS ou SOA. Ou citando tecnologias tais como Ajax, SSL ou Web Services. Para assustar ainda mais o cliente, incluímos os termos *função*, *casos de uso*, *automação* e *requisitos técnicos* nas nossas comunicações.

O cliente sofre ao ter que traduzir isso para o seu universo, restando a dúvida se o emissor é incapaz de explicar algo complexo ou está embromando.

O *Embromation* foi inventado pela TI

Alguns dizem que foi um analista de sistemas que inventou o *Embromation* para não perder o emprego. Outros dizem que foi um gerente de TI que precisava explicar algo sem saber o que aconteceu. Todos afirmam que a TI criou um idioma com o objetivo de manter o que acontece na TI dentro da TI.

Usamos o jargão porque precisamos nos comunicar rapidamente dentro da TI. Jargão usado fora da TI é falha de comunicação, pois a linguagem a ser utilizada depende da audiência. Quando usamos a mesma linguagem técnica da TI com o negócio, cometemos uma falha de comunicação. Quando fazemos isso propositalmente é *Embromation*, não é falha.

Os profissionais de TI inventaram o *Embromation* para conseguir escapar de situações complicadas com os seus clientes e usar a informação a seu favor. Aproveitam a informação privilegiada para fazer comunicações confusas para marcar território, camuflar problemas ou manter-se na zona de conforto.

De fato, nas comunicações entre clientes e fornecedores há sempre uma assimetria de informação. A TI tem mais informação sobre os seus serviços, projetos e suas falhas. Os clientes internos dominam as informações do negócio. Ambos os lados usam a informação a seu favor.

Numa relação cliente-fornecedor, ambos os lados usam a informação a seu favor

A TI esconde informação para que o cliente não possa utilizá-la contratualmente. O cliente interno busca a informação e a verdade escondida para que possa usá-la contra a TI. Por sua vez, o cliente interno não informa tudo que acontece no negócio. A TI procura ter mais informação para conhecer a real urgência das demandas e não se tornar um bode expiatório.

Usar a informação a seu favor na hora de comunicar não é um problema de comunicação, é habilidade política e no trato de clientes. Explicar detalhadamente o que aconteceu num incidente em produção será o mesmo que assinar um atestado de óbito se a mensagem cair na mão dos oportunistas. Ser econômico, factual, escolher o momento certo e não acusar ninguém num e-mail, demonstra maturidade profissional e habilidade política.

Por sua vez, usar o *Embromation* cada vez que você não quiser explicar o que aconteceu encurta a sua carreira. A linguagem técnica pode até adiar um confronto enquanto você resolve o problema por debaixo dos panos, mas os clientes e o seu gestor vão formar a opinião de que você esconde os problemas porque não consegue resolver. O profissional de TI precisa ser mais astuto que isso.

O profissionalismo também é feito de perspicácia

Um profissional com espírito mais aguçado se comunica com maior assertividade e economia, transmitindo uma imagem de profissional sênior. Como lembra Boterf: "O profissionalismo também é feito de perspicácia"[48].

William James afirmava que a verdade era tudo que podia ser dito impunimente. Ou seja, não podemos falar tudo que pensamos, caso contrário seremos punidos. Essa é a regra da política que determina as comunicações dos que são promovidos.

A comunicação segue esse código mesmo sem ser declarado. É o regulamento implícito da política no ambiente de trabalho. Esse código nos faz elogiar alguém mesmo sem vontade ou parabenizá-lo por algo que todos sabem que foi feito por outra pessoa.

Por conta disso, muitas comunicações possuem uma mensagem subentendida. O guru Peter Drucker afirmava que o mais importante na comunicação é ouvir o que não foi dito[90]. Portanto, hábil é aquele que consegue ler e escrever nas entrelinhas.

É o que você precisa fazer ao escutar um consultor dizer: "estou aqui para ajudar!". Ou seja, significa que em breve todos saberão os seus erros. Ou quando um gerente de projeto avisa que na sexta fará uma comunicação do status: "se você não terminar até quinta, todo mundo ficará sabendo".

O profissional perspicaz procura também entender como os outros pensam antes de escolher a linguagem e o conteúdo da comunicação. O líder hábil tem uma preocupação adicional além de querer se fazer entender: comunicar-se de forma que permita o desenvolvimento da sua equipe.

O coordenador que tratava a equipe como se fossem servidores

Há muito coordenador tratando a sua equipe como gerencia os seus servidores. Pensam que comunicar é sinônimo de "falar bonito" e não escutam aqueles que desesperadamente querem ser ouvidos.

Saber ouvir exige uma reeducação. Somos condicionados a ouvir o que julgamos ser do nosso interesse. A comunicação unilateral só existe na cabeça de quem somente dá ordem ou de quem não sabe escutar. Bernard Shaw costumava dizer: "O maior problema da comunicação é a ilusão de que ela foi consumada".

Líderes autoritários vivem a ilusão de que todas as suas comunicações são consumadas. Fingem que escutam ou simplesmente dão ordem sem esperar retorno algum. Por sua vez, os bons líderes desenvolvem a equipe escutando mais do que falando. Quando falam, fazem as perguntas certas para estimular a equipe a pensar e serem independentes.

Líderes autoritários vivem a ilusão de que se comunicam bem

Um dos princípios da comunicação humana é o retorno ou *feedback*. Se não há retorno do receptor da sua mensagem não há comunicação. O retorno garante o entendimento.

Segundo a *Internacional Stress Management Association*[90], a falta de entendimento e comunicação no trabalho é uma das maiores fontes de estresse e dores físicas no trabalho. A tensão de não se fazer entender levou 87% dos entrevistados a reclamarem de dor.

Gestores técnicos tratam a sua equipe como se fosse um hardware que vai se gastando, ao invés de pessoas que vão se formando. Isso compromete o entendimento e a colaboração, aumentando a complexidade das tarefas.

A falta de comunicação aumenta a complexidade das tarefas

O e-mail é uma das formas mais usadas de comunicação empresarial, mas infelizmente, tem como característica *feedback*, apenas as formas formais. Muitos profissionais de TI se escondem através do e-mail para não escutar a verdade que já é do seu conhecimento ou para não interagir com o time.

De fato, muitos gestores de TI foram promovidos de funções técnicas e não tiveram a oportunidade de desenvolver a competência da comunicação. A capacidade de não falar jargão, de saber ouvir e utilizar a comunicação para integrar ideias.

Enviar comunicações bombásticas, com poucos fatos, erros de lógica ou brincadeiras, somente piora a imagem de TI. Como as pessoas julgam você pela sua comunicação, ninguém vai levar você a sério se não acharem a sua comunicação digna de confiança.

Capítulo 3
Por que a TI falha tanto?

O OPERADOR QUE VIROU BODE EXPIATÓRIO

Conclusão

A maioria das falhas da TI é causada por processos inadequados, por falhas na gestão de projetos, pela má gestão de pessoas ou ausência de investimentos.

Contrariando o senso comum, os problemas de tecnologia e os eventos externos contribuem com um pequeno percentual para as falhas nos projetos e indisponibilidades de serviços.

A TI falha quando toma decisões erradas e não porque o *hardware e o software* falham. Ela falha porque erra. Desvios causados pela falta de supervisão da governança da TI e da própria empresa, que não investe e não cria as condições para que a TI tenha um melhor desempenho. Fazer o operador de datacenter ou o estagiário de bode expiatório não é a melhor solução.

Saiba o porquê

Se alguém perguntar ao negócio por que razão a TI falha, receberá como resposta: "falha por falta de conhecimento e alinhamento conosco". Se alguém perguntar a TI por que ela falha, a resposta mais provável será "porque o negócio não sabe o que quer, usa a TI como muleta para os seus problemas e não aprova os projetos".

A área de infraestrutura culpará o time de aplicações: "que não tem qualidade de software o suficiente e deixa tudo para a última hora". Mas se você perguntar ao time de desenvolvimento por que os projetos atrasam, responderão que a "infraestrutura é inflexível e possui processos burocráticos". Por sua vez, a área de arquitetura responderá que muitas ideias e práticas das outras áreas geram riscos operacionais desnecessários.

A área de operações do datacenter culpará os fornecedores de tecnologia, os *outsourcing* e a própria tecnologia. Os fornecedores culparão as equipes internas dos clientes e os contratos.

As gerências técnicas transformarão rapidamente falhas operacionais em "problemas de hardware e software". Erros de configurações, instalações mal conduzidas e a falta de manutenções se tornarão problemas da tecnologia.

Nesse jogo de empurra-empurra e cortina de fumaça, todos culparão eventualmente a própria tecnologia, que não pode se defender.

A TI culpa a tecnologia para defender-se

A infraestrutura de TI é formada por milhares de componentes que compõem equipamentos de rede, servidores, mainframes, cabeamentos, circuitos de telecomunicações e telefonia, dentre outros. Como existem inúmeros fornecedores de hardware e software com desempenhos e qualidades diferentes, as falhas de tecnologia deveriam representar uma parte significativa dos problemas da TI. De fato, as falhas de hardware, incluindo o sistema operacional, representam entre 10 a 30% das causas de falhas na infraestrutura de TI [94,95].

Contudo, esse número parece inconsistente com o elevado tempo médio entre falhas de muitos componentes de uma datacenter, da ordem de milhares de horas (segundo os fabricantes). Se dependêssemos das estatísticas dos fornecedores de tecnologia, não haveria falhas no datacenter.

A grande quantidade e a idade dos componentes explica essa aparente discrepância. Sem uma boa gestão de ativos da infraestrutura, a TI corre o risco de falhar por conta da sua complexidade e envelhecimento.

Apesar de não ser possível prever com exatidão quando um componente falhará em razão da obsolescência, é possível anteciparmo-nos ao problema com base na confiabilidade do *hardware*.

Equipamentos próximos do fim da idade útil podem ser trocados; serviços críticos podem utilizar equipamentos redundantes; equipamentos novos podem passar por um período de experiência e peças de reposição estão sempre disponíveis para compra. Um hardware eventualmente falhará, mas apenas uma porção pequena deveria ser perceptível ao cliente. A tecnologia falha, mas na maioria das vezes é porque deixamos falhar.

Um raciocínio equivalente pode ser usado para o software de prateleira (servidor web, servidor de aplicação, bancos de dados etc.). Software não se desgasta, fica desatualizado. É notório que softwares desatualizados aumentam o risco de incidentes e o tempo de resolução.

A tecnologia falha quando a TI deixa de gerir os seus ativos, não melhora os seus processos ou quando deixa de investir na sua infraestrutura. A tecnologia não é a vilã dos problemas de TI. Ela falha quando a TI erra ou quando a empresa não investe nela.

A tecnologia falha quando a TI erra ou a empresa não investe nela

Segundo o dicionário, erro é um juízo em desacordo com a realidade; um engano; um desvio do caminho considerado correto. Quem erra, desvia-se da rota considerada certa. Normalmente, sozinho. "Virei na rua errada e peguei um engarrafamento". "Cometi um erro na configuração do servidor".

Falhar é faltar à obrigação; a promessa. "Atrasei-me para festa". "O servidor ficou lento". "Não cumpri com o prazo do projeto".

As pessoas erram porque tomam decisões equivocadas ou porque não fazem nada. Quem erra, falha. "O servidor ficou lento porque cometi um erro de configuração". A falha é, portanto, o sintoma do erro. A TI falha quando falta à obrigação e o cliente percebe o sintoma do problema.

Se a TI falha muito, é porque erra muito, e não porque o hardware e o software falham. A tecnologia falha porque a TI não gerenciou os seus riscos no datacenter de forma a evitar que os clientes percebessem a falha.

Por sua vez, podemos apenas minimizar o impacto de eventos externos ao datacenter. Não podemos evitá-los. Greves, apagões, inundações, atos de vandalismo ou falhas de *backbones* simplesmente acontecem. Contudo, os casos fortuitos e de força maior representam apenas entre 1 a 5% das interrupções de serviço [94,95]. Uma fatia pequena nas falhas de TI.

As causas externas compõem uma pequena parcela dos incidentes

As falhas da tecnologia e os desastres não são suficientes para justificar todas as falhas de TI. A falha está em outro lugar.

Para implantarmos a TI, desenhamos soluções, construímos e operamos. As consultorias chamam isso de *Design/Build/Run* (ou *Plan/Build/Run*). Esse modelo feijão com arroz, presente na maioria das empresas, começa com o design da solução.

Quem desenha uma solução técnica tem a competência de impor a sua vontade sobre os outros, mesmo que esses resistam de alguma maneira. Quem define a solução tem poder. Por isso, todos brigam por esse privilégio.

Para a área de desenvolvimento, talvez não seja interessante utilizar uma solução de um fornecedor externo, pois pode perder parte da sua influência interna. A gerência de infraestrutura pode não querer migrar os seus serviços para a nuvem, pois perderá o controle do serviço. O negócio pode preferir uma solução mais rápida em detrimento de uma demorada, mais alinhada com a arquitetura da empresa. Todos querem de alguma forma influenciar a decisão a seu favor.

A TI falha ao perder o controle sobre a solução técnica

As áreas de Arquitetura são responsáveis por definir as soluções de TI. Mas todos os clientes internos se consideram especialistas no assunto. Produtos, operações, vendas, financeiro e até o jurídico, eventualmente, tentarão impor uma solução para a empresa. De uma hora para outra, diretores comerciais tornam-se especialistas em e-commerce, CEOs em tecnologia e CFOs em soluções de *Outsourcing*. Conflitos de interesse brotam rapidamente durante a discussão da melhor solução.

Por sua vez, as áreas construtoras utilizam-se do conhecimento técnico para impor soluções que muitas vezes geram problemas para a operação e naufragam os projetos. Sistemas com baixa resiliência, *frameworks* de software inadequados e base de dados com baixo desempenho falham por uma má definição da solução.

Soluções mal desenhadas geram falhas na operação

Se uma área de desenvolvimento opta por um software inadequado que acaba impactando a operação, ela é a causadora do problema. Contudo, em última instância a governança da TI é a responsável, pois não acompanhou as decisões que impactaram a operação. Esse é o papel da governança de TI: garantir que as pessoas certas tomem as decisões importantes.

Além de impactar a operação, problemas relacionados com a solução, também dificultam a execução dos projetos. Requisitos mal definidos e arquiteturas deficientes geram retrabalhos, aumentam os custos e causam o cancelamento de projetos.

Os projetos de TI falham porque as pessoas erram

Processos de contratação falhos, aprovações de orçamentos com atraso, ausência dos patrocinadores, falhas técnicas, especificações não realistas e mudanças de escopo sem alinhamentos causam falhas nos projetos de TI. Todos esses riscos são de responsabilidade do gerente de projeto, cujo papel é evitar que esses problemas aconteçam e impactem o projeto.

Com efeito, a estatística ainda está ganhando dos gerentes de projeto: 54% dos projetos de TI falham parcialmente (há algum problema na entrega) devido à má gestão[96]. O projeto falha porque o gerente de projeto erra.

Somam-se aos projetos que falham parcialmente os que falham totalmente: entre 23% e 31% dos projetos de TI[96,97,98] são cancelados. Pesquisa realizada pela BCS[144] afirma que a falta de alinhamento com o negócio, a gestão de requisitos e falta de controle do orçamento são as maiores causas de cancelamentos. Ou seja, imperativos do negócio não são a causa principal. Muito menos os problemas relacionados à tecnologia, cerca de 3%[96].

Os projetos falham devido à má gestão ou às falhas na supervisão da TI. Projetos com falhas em requisitos, sem recursos adequados ou com metodologias deficientes, nem deveriam começar.

Apenas um terço dos projetos de TI são bem sucedidos[96,100,144]

Projetos bem sucedidos entregam funcionalidade e disponibilidade a contento, dentro do prazo e custo. Entram, portanto, em operação (o *Run* do modelo). Apenas um terço dos projetos chega nesse estágio.

As áreas que operam as soluções são chamadas de operações, serviços ou produção de TI. A missão delas é garantir que os serviços de TI fiquem disponíveis e os dados atualizados e íntegros. A função da operação é evitar a falha. Mas, infelizmente, isso nem sempre é possível.

Pesquisa da *CA Technologies* em 200 empresas multinacionais estima que a perda total com indisponibilidades seja de US$26.5 bilhões por ano[102]. O *Gartner* estima que a perda média financeira das empresas com indisponibilidades seja de $42K por hora. O grupo *Aberdeen* estima $110K por hora como uma média para qualquer indústria[101]. O impacto é grande e as pesquisas apontam para causas finais (causa da causa) relacionadas à falha humana e de processos.

Segundo a *Carnegie Mellon University,* cerca de 80% dos incidentes na operação são devidos a problemas em aplicações (40%) ou falhas humanas (40%)[95]. Contudo, as falhas em aplicações são causadas por erros em mudanças em produção, testes insuficientes ou falhas em operações de rotina. Ou seja, uma combinação de falhas de processo e falhas humanas.

Outras pesquisas também confirmam isso: pesquisa realizada pela *Kroll Ontrack* com 2000 empresas em 17 países aponta que cerca de 40% das perdas de dados são devidas à falhas humanas[94]; segundo o *IT Process Institute,* 80% das falhas são devidas à falhas no planejamento de mudanças ou dos desenvolvedores[101].

Todas essas pesquisas apontam na mesma direção: a maioria dos incidentes em produção é causada por falhas humanas, desvios ou inexistência de processos. Digamos 50/50, entre falhas humanas e falha de processo.

A maioria dos incidentes é causada por falhas humanas ou de processos

Resumidamente, poderíamos dizer que falhas de processos são causadas pela má gestão de serviços de TI. Os gestores falham apesar de terem à sua disposição uma série de modelos no mercado, tais como: ITIL, COBIT e ISO, dentre outros.

A outra metade das falhas é considerada falha humana. Ou seja, o último agente envolvido na ação foi um ser humano. "A falha aconteceu após o DBA rodar o script"; "o serviço caiu após a operação inverter a ordem de execução dos *batches*"; "o sistema parou porque ele não rodou a rotina diária". Contudo, não é razoável concluir imediatamente que operadores, analistas e técnicos sejam diretamente responsáveis por quase metade dos incidentes em produção. Talvez, exista uma causa anterior à falha humana.

Falhas no projeto de sistemas são erroneamente entendidas como falhas humanas

A alta complexidade, a falta de documentação e a baixa usabilidade de sistemas podem colocar a operação em situações em que não seja possível realizar com sucesso as ações que foram projetadas. Com efeito, a falha surgiu muito antes de o comando errado ser digitado pelo operador. Foi incorporada nas fases de solução e construção.

Segundo os especialistas em HRA – *Human Reliability Analysis*, cerca de 70% dos acidentes (em geral; não só em TI) são causados por falha humana em decorrência de riscos criados pela própria tecnologia e sua implantação.

Aplicações desenvolvidas sem ferramentas de *"backoffice"*, serviços online sem monitoração e processos manuais são exemplos de situações que causam incidentes cuja responsabilidade imediata será da operação. Mas a culpa é dos gestores e de quem acompanha o desempenho da TI, que não deveriam permitir a implantação de sistemas sem operacionalidade.

Isso não quer dizer que não haja falhas puramente humanas: erros grosseiros ou erros honestos (falta de experiência ou informação). Mas isso deveria representar uma porção pequena dos incidentes.

Falhas humanas deveriam representar apenas um percentual pequeno dos incidentes

Arrisco, sem medo de errar, que um percentual inferior a 5% de falhas humanas é facilmente atingível para uma infraestrutura complexa. Falhas causadas por erros honestos que podem acontecer com qualquer um – pense no percentual de e-mails que você envia incorretamente para outra pessoa. Erros acontecem e eventualmente haverá uma falha humana. Contudo, um percentual de 40% de falha humana implica que a TI automatiza pouco ou implanta sistemas sem ferramentas adequadas para a gestão de serviços.

A arquitetura da falha humana tem dois componentes: a tecnologia na forma mal implementada e a ação do ser humano. Assim o risco sempre terá um fator humano[104]. É o operador do datacenter que apertará o botão errado induzido ao erro por uma mensagem errada do sistema. A causa raiz é um sistema mal projetado, mas o problema poderia ter sido evitado se o operador não tivesse apertado o botão.

Tome como exemplo, o baixo nível de incidentes em mainframes, em oposição ao elevado número de problemas na baixa plataforma. Uma equipe com elevado nível de maturidade profissional é capaz de minimizar falhas mesmo que ainda não existam procedimentos detalhados para uma nova situação.

Falhas humanas são minimizadas com o profissionalismo

Aliás, o profissionalismo está ligado à capacidade do profissional de lidar com a incerteza[48], que é uma fiel companheira da TI. Incertezas que, se não bem gerenciadas, causam falhas.

Soluções sem gestão de serviços, requisitos do negócio com consistência de geleia, riscos operacionais embutidos na solução, sistemas com pouca documentação e prazos cada vez mais curtos demandam profissionais que saibam lidar com vários tipos de incertezas.

Como as responsabilidades por estruturar a equipe e desenvolver competências são dos gestores, em última instância, falhas humanas que impactem a operação são também decorrentes da má gestão de pessoas, não somente de sistemas mal projetados.

A maioria das falhas de TI não decorre de problemas com funcionários de baixo escalão

Hoje, as falhas da tecnologia representam apenas uma porção menor dos problemas em projetos e falhas em serviços de TI. Estatísticas de dez anos atrás indicavam que problemas em hardware e software contribuíam significativamente para as falhas de TI. A tecnologia está ganhando a corrida contra a falha humana.

Além disso, existe um programa forte de certificação de profissionais nas principais tecnologias. Serviços gerenciados por profissionais competentes e tecnologia mais confiável falham menos.

Por sua vez, as falhas de causas externas têm se mantido no mesmo patamar durante anos. O que mudou é a tolerância a elas: os clientes estão cada vez menos tolerantes à falhas, mesmo para um serviço que não seja de missão crítica.

Problemas na solução, falhas em projetos e incidentes na operação são causados por processos inadequados, por falhas na gestão de projetos, pela má gestão de pessoas e ausência de investimentos. Garantir que as pessoas certas tomem as decisões importantes, que haja investimento e que a TI desempenhe bem é missão da Governança e dos gestores de TI.

Como indica a pesquisa realizada por Westerman: "a maioria dos riscos de TI decorre não de problemas técnicos ou problemas de baixo escalão, mas sim de falhas da supervisão da empresa e da governança dos processos de TI"[52].

São os erros de gestão das várias áreas da TI e da própria empresa que causam as falhas de sistemas. A TI falha porque a TI e a sua supervisão erram. Culpar a tecnologia, a chuva ou fazer o operador do datacenter de bode expiatório não vai adiantar.

Capítulo 4
Por que o negócio faz da TI um bode expiatório?

O BODE EXPIATÓRIO QUE DEU A VOLTA POR CIMA

Conclusão

Já nascemos com a tendência a culpar os outros. Com a proximidade da idade adulta, somente intensificamos esse mecanismo de defesa, atingindo o pico quando trabalhamos no negócio e começamos a culpar a TI.

A tensão criada pelo relacionamento de monopólio entre a TI e o negócio faz com que os clientes internos tentem responsabilizar a TI pelos seus próprios problemas.

As áreas de TI bem sucedidas são aquelas que conseguiram usar a informação da operação para se defenderem, criaram contratos formais com os clientes e atingiram um alto alinhamento com o negócio. Com tudo isso, a área de TI pode dar a volta por cima, mesmo que o negócio queira fazer dela um bode expiatório.

Saiba o porquê

Um dos eventos mais extraordinários da história foi a quase extinção da civilização da ilha da Páscoa, que chegou a ter milhares de pessoas. Com uma história que data de 300 DC, quase toda a população foi extinta devido à exaustão dos seus recursos naturais. Séculos depois, poucos descendentes e um número grande de estátuas de pedra conseguem contar parte do que aconteceu.

Disputas entre várias tribos provocaram uma onda de construção de estátuas, que por sua vez gerou um grande desmatamento. Como consequência, os animais ficaram escassos e os Rapanui (como se chamavam) apelaram aos deuses por ajuda. Mais estátuas foram construídas. Quando a ajuda não veio e na ausência de alguém mais para culpar, os Rapanui culparam o clero e os deuses derrubando mais estátuas.

O elemento mais comum do universo, depois do hidrogênio, é a estupidez[128]

Essa frase do famoso escritor de jornada nas estrelas Harlan Ellison é sobre a característica quase universal da estupidez. Aquela que nos faz atribuir culpa a uma única pessoa após um desastre causado pela natureza, pelo sistema ou por nós mesmos. Esse indivíduo conhecido como bode expiatório absorve toda a frustração e raiva do difamador. Funcionando como uma válvula de escape da necessidade humana por purificação e expiação (receber punição). Aliás, é daí que vem o termo bode expiatório. O animal era sacrificado em cerimônias hebraicas como parte de um processo de purificação, de remoção do pecado para sermos especiais.

Segundo o psicólogo Adrian Furnham, especialista em comportamento organizacional, somos inclinados a pensar que somos melhores que os outros. Achamo-nos especiais e, portanto, quando há um problema, rapidamente buscamos uma explicação externa, já que isso não poderia ser uma falha nossa.

Desenvolvemos a habilidade de culpar os outros desde cedo[128]

Já nascemos com a tendência a culpar os outros. Com a proximidade da idade adulta somente intensificamos esse mecanismo de defesa: culpamos o vizinho pela falta de sono; o chefe pela falta de tempo para fazer atividades físicas; os filhos por não estudar novamente; o técnico pela má atuação do time e a sogra pelo seu inferno astral (talvez a única verdade). Com o tempo, esse traço comum da nossa personalidade passou a ser fundamentado pela política.

"Ao apoderar-se de um estado, o conquistador deve determinar as injúrias que precisa levar a efeito"[105]. Este trecho de Maquiavel revela o quanto se tornou importante para o jogo político transferir a culpa para alguém que não possa se defender. A política desenrola-se no plano das aparências.

Numa hierarquia saudável, a culpa deve seguir para cima. Mas numa hierarquia corrupta ela segue para baixo[128]. De fato, um dos objetivos de se criar um bode expiatório é evitar que todo um sistema corrupto ou ineficiente seja revisado e as verdadeiras causas descobertas. A culpa segue na direção da gravidade ou daqueles que não podem se defender.

Os Rapanui culparam os deuses pelos seus problemas; a igreja culpou os templários pela derrota nas Cruzadas; o governo brasileiro responsabilizou São Pedro pelos apagões.

O negócio sempre culpa a TI

Uma meia verdade é uma declaração falaciosa que inclui alguns elementos da verdade visando enganar, evadir ou culpar alguém[129]. A parte cuja verdade é facilmente demonstrável é utilizada como uma boa razão para que o ouvinte acredite na mensageira inteira.

Escutamos meias verdades diariamente quando um político explica por qual razão a sua promessa de campanha não foi cumprida ou quando anuncia a inauguração de algo que já foi inaugurado. As meias verdades são expedientes comuns dos políticos que as utilizam para não serem pegos mentindo publicamente. Assim, constroem estilos complexos de linguagem para minimizar o risco a sua reputação. A política se tornou um mundo na qual, meias verdades são esperadas e raramente alguém interpreta literalmente uma declaração.

No mundo da TI, espera-se que o negócio imponha uma meia verdade sempre que não estiver atingindo as metas ou venha a perder um contrato importante. Cancelamentos de contratos tornam-se problemas de sistema; vendas reduzidas na internet tornam-se uma consequência do atraso no projeto; o baixo desempenho do comercial é justificado pela restrição a *pen-drives*. Tudo é problema de TI.

Sem querer generalizar, a TI abastece o negócio com um suprimento inesgotável de falhas na sua infraestrutura, atrasos em projetos e falta de agilidade na prestação de serviços. Esses insumos irão compor as meias verdades planejadas pelos oportunistas.

A TI supre as meias verdades dos seus clientes internos

O sucesso sempre tem dono, mas a responsabilidade pelo fracasso é sempre da TI. Quando a TI falha, ela serve de muleta para o negócio, que a utiliza como bode expiatório para os seus problemas. Os oportunistas utilizam a complexidade da TI para construir meias verdades, que a própria TI tem dificuldade em refutar.

A dificuldade em gerenciar a informação do cliente, normalmente mantida a sete chaves pelo negócio; a dificuldade de desenvolver uma inteligência analítica com as informações disponíveis dentro da própria TI; a falta de retórica (saber se defender); e a simples falta de tempo para se dedicar a tudo isso, faz da TI um bode expiatório perfeito para o negócio.

A TI é um bode expiatório perfeito para o negócio

Como impedir que o negócio responsabilize a TI pelo cancelamento de um contrato estratégico, mesmo sabendo que esse ocorreu devido ao preço, e não a indisponibilidades no serviço? A meia verdade é sempre tentadora. Há sempre uma oportunidade para se dividir a responsabilidade com a TI, muitas vezes trocando as ordens de importância. "O cliente cancelou o contrato por falhas na TI, mas houve também divergências comerciais" é bem diferente de: "o cliente cancelou o contrato devido a problemas no preço, mas também reclamou das indisponibilidades".

Possíveis estratégias para minimizar a possibilidade de um ataque podem ser deduzidas da natureza do relacionamento entre o negócio e a TI. O negócio somente pode comprar serviços da TI. Por sua vez, a TI tem exclusividade na prestação de serviço para o negócio. Trata-se, portanto, de um monopólio bilateral.

O relacionamento entre a TI e o negócio é um monopólio bilateral

A TI beneficia-se de ter um comprador fiel para os seus produtos e pressiona pelo aumento de preços. O negócio usa o seu poder de barganha para reduzir os custos e prazos da TI. É de interesse comum que a relação funcione. Mas como em todo casamento, ambas as partes possuem interesse em achar um acordo, mas divergem nos seus termos.

Há várias maneiras de fazer um monopólio bilateral funcionar. Em todas as situações, ameaças e blefes são predominantes. Sem esses ingredientes, uma das partes sempre vai tentar melhorar as suas condições, tornando o relacionamento quase impossível.

Na idade média, os reis realizavam casamentos entre os parentes ou trocavam reféns para evitar o ataque mútuo. Máquinas de juízo final, doutrinas de destruição mútua, a guerra fria entre os EUA e a União Soviética são exemplos de estratégias para manter um relacionamento cujo resultado final é positivo, mas tenso para ambos os lados. Ambos os países se ameaçam, mas sabem que em caso de ataque, o outro retaliará e todos perderão. A paz é uma consequência desse equilíbrio.

A TI precisa aprender a "trocar reféns" com o negócio

Uma das formas de "trocar reféns" na época da economia da informação é usar informação privilegiada. Aquela informação que você tem, mas que não compartilha com o negócio. Conhecimento que funciona como um refém que você utilizará caso o seu reino seja invadido.

Da mesma forma que o negócio usa as falhas da TI para construir as suas meias verdades, a TI pode utilizar aquilo que é

Capítulo 4 - Por que o negócio faz da TI um bode expiatório?

objeto do seu trabalho para retaliar: informação estruturada, não estruturada, analítica, sumarizada, qualitativa ou quantitativa. Informação que pode ser usada a qualquer momento. Ameaça real ou blefe, o relacionamento funcionará se o negócio acreditar que a TI tem e usará essa informação se houver um comportamento oportunista do cliente.

Outra forma de manter um monopólio bilateral é pela promessa de quebrar algo que seja extremamente benéfico a ambos os lados. Quando a TI tem uma alta performance e um grande alinhamento com o negócio, a probabilidade do comportamento oportunista é bem menor porque os clientes percebem a TI como parte integrante do negócio. Contudo, para chegar a esse nível de relacionamento é necessário que as regras fiquem estáveis por um tempo, mesmo que o desempenho e o alinhamento não estejam tão bons assim.

Os economistas criaram os contratos para motivar ambas as partes a tomarem decisões apropriadas em qualquer situação. A TI chama isso de ANS – Acordos de Níveis de Serviço (ou SLAs). Contratos ou SLAs minimizam o comportamento oportunista do negócio, pois formalizam as obrigações de ambas as partes no relacionamento. Do ponto de vista prático, um contrato funciona como uma trégua de ambos os lados para que as partes melhorem tornando-o desnecessário.

Como todo contrato não é completo, eles não são suficientes para eliminar totalmente as tensões com o negócio. Por essa razão, informações de qualidade, ameaças veladas e blefes são tão importantes. Com eles, você pode dar a volta por cima, mesmo que o negócio queira fazer de você um bode expiatório.

Capítulo 5
Por que a TI é sempre um gargalo?

QUANDO BACKLOG ERA OUTRA COISA PF.

Conclusão

A TI é sempre um gargalo porque as empresas dependem cada vez mais da tecnologia da informação, enquanto os ganhos de eficiência são absorvidos pelos clientes e as capacidades disponíveis são tosquiadas ao entrarem na sala do CFO.

Essa situação de gargalo constante faz com que algumas áreas de TI sejam vistas como um limitante do desempenho da empresa. Diante disso, a TI precisa se posicionar e agir, caso contrário, será alvo de rupturas na sua estrutura.

As empresas bem sucedidas foram aquelas que a TI sobreviveu para contar uma história vencedora. Aquela que a TI defendeu e implantou uma estratégia de aumentar a sua eficiência para depois alinhar-se com o negócio.

Saiba o porquê

Quando escrevo esse artigo, penso em como as áreas de TI aumentaram de produtividade nos últimos anos. Como a virtualização permite a criação de servidores em minutos e as arquiteturas que desenvolvem rapidamente novas aplicações. Sem mencionar as ferramentas de gestão de serviços, a monitoração e o armazenamento que funcionam muito bem, mesmo rodando em datacenters fora do Brasil. A eficiência tem aumentado ostensivamente na TI.

Por outro lado, a quantidade de demandas aumentou, os prazos ficaram mais curtos e a insatisfação dos clientes com a capacidade da TI lembra o engarrafamento em São Paulo.

Este aparente paradoxo guarda certa relação com o problema levantado pelo economista inglês Stanley Jevons, em 1865. Ele descobriu que a maior eficiência das máquinas a vapor não diminuía o consumo de carvão. Aumentava. Motores mais eficientes aumentavam a utilização dessas máquinas na indústria e com isso era necessário produzir muito mais carvão. O aumento da eficiência incentivava o aumento do consumo.

Assim, a expressão "paradoxo de Jevons" passou a se referir a qualquer situação, familiar para os tecnólogos, em que melhorias de eficiência levam a um maior e não a um menor consumo de um recurso.

O aumento da eficiência da TI produz um aumento da demanda do negócio

A TI é um bom exemplo do paradoxo de Jevons: quando aumentamos a eficiência, a demanda aumenta. Se aumentarmos a nossa capacidade de gestão de projetos, o número de projetos aumentará; se reduzirmos o tempo de desenvolvimento de software, o volume de demandas aumentará; se aumentarmos a capacidade do servidor de banco de dados, alguém fará um SQL com custos cada vez maiores. Em seguida reclamamos: "logo agora que aumentei a capacidade, a demanda aumentou!".

De fato, o paradoxo de Jevons é explicável pelo conhecido relacionamento entre preço e a demanda por produtos: um menor preço (maior eficiência) implica uma demanda maior; um preço maior faz a demanda cair. Como a empresa funciona como um pequeno mercado, isso é válido para um conjunto de serviços cujos consumidores (clientes internos) precisam utilizar os serviços da TI, mas a demanda não é totalmente atendida. Quando isso acontece, dizemos que há um gargalo.

Quando o paradoxo de Jevons é valido, identificamos um gargalo ou ponto de estrangulamento. Filas se formam. Alguém fica ocioso. Os clientes internos reclamam. Quando o gargalo é em TI, os clientes reclamam muito.

Os gargalos da TI limitam o desempenho da empresa

Se uma demanda por um serviço não for plenamente satisfeita, alguém ou alguma máquina/processo deixa de fazer algo por algum tempo, limitando o desempenho. Aliás, ninguém nunca admite estar ocioso - talvez isso explique porque é tão difícil identificar gargalos.

Se a TI não desenvolver o produto rapidamente, a empresa perderá receita. Se a TI não implantar nesse mês o novo servidor, os custos com fornecimento externo aumentarão. Se a TI não automatizar os processos, os custos de pessoal aumentarão. Se a TI não eliminar as suas filas, as iniciativas não decolarão. TI, TI e TI.

Em TI, as filas são conhecidas como *backlogs*. Termo arcaico que significava uma tora de madeira (log) para queimar atrás (back) da lareira. Ou seja, uma reserva de madeira para o aquecimento das casas. Alguns séculos depois, o seu significado foi ardilosamente manipulado para infernizar a vida dos profissionais de TI.

Backlogs são evidências de gargalos, aquelas restrições odiadas pelos clientes e que impactam diretamente a lucratividade da empresa. Impacto tão grande quanto maior for a dependência da tecnologia da informação.

Quanto maior a dependência da TI, maior é a possibilidade dessa ser um gargalo

Segundo a teoria das restrições (*Theory of Constraints*, TOC), quanto mais complexo for um sistema, maior é a chance de existir uma única restrição física ou lógica (o gargalo) que limita o fluxo produtivo e a receita. Essa restrição pode ser um equipamento industrial que limita a produção; uma área de desenvolvimento de software que limita os lançamentos de novos produtos ou a qualidade da mão de obra de um *callcenter*.

Empresas cujos produtos são a TI ou dependem fortemente dela tais como bancos, seguradoras, fornecedores de outsourcing, comércio eletrônico etc., possuem uma operação complexa cujo gargalo, na maioria das vezes, está na tecnologia da informação.

Ora, para eliminar gargalos contratamos, automatizamos, adquirimos equipamentos com maior capacidade etc. Às vezes, a demanda é tão grande que apesar de aumentarmos a capacidade, o recurso continua a ser totalmente consumido. O gargalo muda de ponto de operação, mas permanece (o paradoxo de Jevons é válido). Outras vezes, eliminamos o gargalo completamente. Geramos, assim, capacidade disponível. E de acordo com a TOC o gargalo que limita a receita estará em outro lugar, de preferência para longe da TI.

Em contrapartida, uma empresa que possui capacidade disponível tem um custo operacional mais elevado, e eventualmente, será alvo de um programa de redução de custos que eliminará o seu recurso ocioso. Caso contrário, estará desperdiçando recursos. A TI opera, portanto, sempre no gargalo ou próximo dele.

Mesmo empresas cujo produto final não seja a TI como indústrias, *call centers* e varejistas veem a TI como um gargalo, mesmo que o limitante seja a máquina de envasamento ou a qualidade da mão de obra.

Na maioria das empresas, a TI é vista como um gargalo

Existem empresas que conhecem bem os seus gargalos. Outras desconhecem quais são os freios do seu desempenho, mas sabem quem culpar quando o assunto é discutido nas reuniões.

Às vezes, o negócio tem razão ao responsabilizar a TI por atrasos ou falhas na operação. Outras vezes, nem tanto. Segundo o princípio de *Lavoisier*: nenhum problema se cria, tudo se transforma em problema de TI. Problemas em contratos transformam-se em problemas no *helpdesk*; problemas no preço convertem-se em deficiências de funcionalidade web; falhas e atrasos na definição do produto tornam-se atrasos de projetos. Inexplicavelmente, tudo se transforma em problemas de TI.

Como a TI funciona como um sistema nervoso, qualquer mudança externa ou interna, prevista ou contingente, do negócio ou da própria TI acaba ocupando qualquer capacidade disponível.

É por essa razão que o paradoxo de Jeavons se aplica tão bem a TI. Mudanças nas regulamentações de produtos; ações da concorrência; projetos de transformação; mudanças de rumo da empresa; aquisições e fusões; projetos de restruturação; tudo impacta a TI e consome qualquer capacidade disponível. Esse gargalo permanente gera uma tensão contínua com os clientes.

A má gestão de gargalos causa rupturas na estrutura da TI

Se a gestão dos gargalos fosse uma batalha, a TI perderia a guerra por não possuir uma estratégia definida. A ausência de uma estratégia causa insatisfação nos clientes que pressionam pela substituição dos executivos e suas equipes.

A máxima de Sun Tzu é aderente ao desafio: "a invencibilidade está na defesa; a possibilidade de vitória, no ataque". A TI precisa aprender a defender-se antes mesmo de saber atacar o problema. Os gestores que focam apenas na eliminação dos gargalos sem declarar a sua capacidade de execução ou demonstrar o aumento dela são candidatos a virar heróis. Aquelas pessoas que transformaram a empresa, mas foram convidadas a sair.

Por sua vez, aqueles que apenas se defendem, eventualmente acabarão com o estoque de argumentos e sairão da empresa por problemas de desempenho.

As áreas de TI precisam aprender a defender e executar a sua estratégia de eficiência operacional

Todo profissional sabe que para uma área de TI ser bem sucedida, ela precisa implantar arquiteturas que sejam estáveis, automatizáveis, escaláveis, flexíveis etc. Sem isso, a TI será sempre um gargalo e a empresa não crescerá. O desafio, que poucos conseguem, é sacrificar por um tempo, o alinhamento com o negócio pelo alinhamento da TI com uma arquitetura que alavanque o crescimento da empresa.

Segundo a Bain & Company[121], as empresas que conseguiram melhorar a eficiência da TI, para depois torná-la alinhada com a empresa, cresceram 35% a mais e gastaram 6% a menos em TI em relação à média de mercado. Apenas 7% das empresas atingiram esse estágio. Os gestores de TI venderam a ideia de criar uma infraestrutura capaz de incrementar a sua capacidade de execução com custos cada vez menores.

Por sua vez, as TIs que fizeram de tudo para alinhar com o negócio no curto prazo aumentaram a sua própria complexidade, que se transformou num gargalo. As empresas que seguiram esse caminho tiveram crescimento 14% menor e gastos de TI 13% maior do que a média de mercado.

De fato, como afirma a Bain & Company[121]: "a tecnologia da informação é um gargalo terrível ao crescimento para muitas empresas, principalmente porque os executivos focam nos remédios errados para seus problemas de TI".

Como a TI é sempre um gargalo, caso contrário a empresa estaria desperdiçando recursos, os executivos da TI têm a tarefa árdua de defender e executar um plano que crie uma infraestrutura cuja capacidade possa ser incrementada ou reduzida rapidamente, transferindo a restrição que limita o desempenho da empresa para o financeiro ou para o negócio.

Dessa forma, o gargalo se tornará um ponto de operação definido pelo negócio e não mais um produto da ineficiência da gestão da TI. E quem sabe, a TI utilizará o termo *backlog* no seu significado original: uma reserva de capacidade.

Capítulo 6

Por que é urgente redefinir o termo "urgência" para os usuários?

O FUNCIONÁRIO SEM NOÇÃO DE PRIORIDADE P.F.

Conclusão

A palavra "urgente" vem do Latim *urgere* que significa "apertar com força, impelir". Vocábulo cujo significado descreve bem o que os nossos clientes internos fazem conosco: apertam a gente com força até conseguirem o que querem.

De fato, a palavra "urgente" foi tão banalizada pelos nossos clientes que o conceito ficou descolado da sua importância para o negócio, perdendo a noção de prioridade. Quando tudo é urgente, nada é urgente.

É urgente, portanto, redefinirmos o conceito de urgência em TI, agregando ao urgente, critérios de importância. Sem a noção certa de prioridade, a TI corre o risco de não conseguir atingir os seus próprios objetivos, pois deixa os seus clientes gerenciarem o seu próprio tempo.

Saiba o porquê

Quem trabalha em TI passa o dia administrando mudanças, atendendo a solicitações e lidando com interrupções e crises. O resultado disso é uma série de conflitos entre os interesses dos clientes, do seu gestor e dos seus próprios objetivos.

São 9h da manhã. Você começa a trabalhar com o objetivo de finalizar o aplicativo do mainframe. Trinta minutos depois, a gestão de incidentes reporta um erro em outro aplicativo COBOL. Você contorna o problema e retoma o trabalho original. Após o almoço, você recebe um e-mail da auditoria solicitando o envio urgente de uma evidência até às 18h. Em seguida, alguém do comercial liga para você solicitando informações sobre a operação de um cliente estratégico. A pastelaria já está aberta desde as 9h e você ainda não ganhou nenhum dinheiro.

Preocupado, você vai alinhar com o seu gestor e antes que você consiga explicar o que está acontecendo, ele diz: "ainda bem que você apareceu. Preciso te pedir uma coisa urgente!".

O trabalho na TI é sempre contingente

Trabalhar na TI é lidar com riscos; é gerenciar um fluxo incessante de mudanças; é administrar uma complexidade que não para de crescer. Esses desafios fazem com que surjam contingências de várias frentes, tornando a função de planejar às vezes uma tarefa quase impossível.

Soma-se a isso, o fato das demandas serem sempre superiores à capacidade, que faz com que o profissional seja submetido a uma carga de trabalho excessiva, enquanto administra as contingências que vão surgindo ao longo do dia.

Se você não é um polvo e trabalha na TI, então passa o tempo enfrentando pequenos dilemas: se deve finalizar uma manutenção de software ou emitir um relatório; se responde para o seu chefe ou atende um cliente importante; se atrasa uma tarefa rotineira ou avança no projeto etc. Na impossibilidade de ocupar ao mesmo tempo dois lugares distintos no espaço, sobra para o profissional a dificuldade de lidar com a obrigação de fazer tudo ao mesmo tempo.

Sobra para o profissional de TI a dificuldade de lidar com a obrigação de fazer tudo

Mas o que dizer dos processos de gestão de demanda e da gestão de serviços? Que não funcionam adequadamente?

Todos esses processos visam balancear a demanda do negócio com a capacidade da TI. Contudo, apenas conciliam o problema, sem resolvê-lo de maneira definitiva. Como os clientes possuem prioridades diferentes, a TI cria processos que conciliam o maior número de pessoas/demandas, enquanto corre para ajustar a sua capacidade à demanda sempre crescente.

Mesmo profissionais que trabalham exclusivamente em cima de uma lista de prioridades possuem múltiplos papéis que acabam gerando conflitos: o arquiteto de software que representa a TI nas *RPFs* técnicas; o DBA que é consultor de *Big Data*; o responsável pelo controle de operações que sempre recepciona os auditores. Como reforça Boterf[48]: "o contexto das situações profissionais tende, pois, a se definir menos em termos de conjuntura rotineira e, mais, em conjuntura fluida".

Essa fluidez de papéis faz com que assuntos de outras áreas acabem atraindo o profissional para reuniões urgentes e adicionais à sua função, tornando o desenvolvimento da competência da gestão de tempo ainda mais imprescindível.

Numa relação cliente-fornecedor na qual tudo é urgente, nada é urgente

A palavra "urgente" vem do Latim *urgere* que significa "apertar com força, impelir". No "tecniquês", significa que os clientes internos apertam a gente com força até conseguirem o que querem. Isso banaliza o conceito de urgência descolando a palavra da sua importância.

Tudo é urgente para o negócio: instalar o software gráfico é urgente; emitir o relatório é urgente; responder o e-mail é urgente; realizar a reunião é urgente; ligar para o usuário é urgente; amanhã é segunda, é urgente. Quando tudo é urgente, nada é urgente, pois não sabemos mais o que é prioritário para o nosso trabalho.

Capítulo 6 - Por que é urgente redefinir o termo... — 43

Na disciplina de Gestão de Tempo, avaliamos se a urgência procede pela sua importância. Se a cozinha está pegando fogo, é urgente apagá-lo, senão a casa será destruída, o importante. Se o e-commerce está fora, achar uma solução é urgente, caso contrário haverá uma perda significativa de receita, o importante. Se um cliente solicita um relatório dos nossos serviços, é importante, mas não necessariamente urgente. A não ser, é claro, que você esteja atrasado ou a reputação da sua área esteja em jogo.

Algo é realmente urgente se for importante

Uma tarefa é urgente se for importante para a empresa. Caso contrário, é apenas um adjetivo para facilitar o acesso a alguém exigindo desse uma resposta imediata. Quem pede algo de forma urgente e sem critério apodera-se do tempo do outro como se esse fosse sua propriedade.

Essa invasão do tempo do profissional de TI é feita muitas vezes de forma consensual quando este último é incapaz de avaliar a pertinência daquilo que se solicita ou não sabe dizer não.

Perdemos a gestão do nosso tempo ao atendermos tudo como urgente

Peter Drucker é taxativo: "tempo é o recurso mais escasso e, a não ser que ele seja gerenciado, nada mais pode ser gerenciado". Se tudo é urgente, não gerenciamos serviços ou projetos.

É urgente, portanto, redefinirmos o conceito de urgência, agregando critérios de importância e estratégias para que os outros não se apossem do nosso tempo como se fosse por direito deles. Situação que acontece quando não há informação nem orientação para decidirmos. Mesmo assim, somos forçados a uma rápida decisão. Por conta disso, precisamos de princípios que possam direcionar o nosso trabalho tornando-o mais organizado.

Como a TI é sempre a espinha dorsal da prestação de serviços, qualquer atividade impacta o resultado da empresa. Diferentes atividades impactam o negócio de maneira distinta, gerando uma graduação de impactos, que é o arcabouço de uma noção de prioridade.

O impacto no negócio é o balizador das prioridades na TI

Toda empresa desenvolve, entrega e fatura os seus produtos. Portanto, interrupções de serviços ou instabilidades que impeçam a entrega de produtos põem em risco a empresa, que necessita manter um fluxo contínuo de receitas para sobreviver e crescer. Não há, portanto, um problema maior do que parar a operação de uma empresa.

A empresa precisa operar para existir

Incidentes de infraestrutura, problemas com vírus, *bugs* em produção e falhas na programação de *Jobs* param a operação de uma empresa, ameaçando a sua existência. Portanto, a resolução de todos incidentes é uma prioridade. Mesmo incidentes pequenos podem parar parcialmente a operação causando danos a um cliente ou produto específico.

É fácil justificar o seu foco na recuperação de um serviço enquanto um relatório incompleto fica olhando para você da sua mesa. Por sua vez, é difícil justificar a existência de falhas em produção, enquanto você se esforça para atender uma melhoria solicitada por um colega.

Se houver uma hierarquia de relevância, a manutenção da operação estará no topo, pois toda empresa precisa operar para

Capítulo 6 - Por que é urgente redefinir o termo... — 45

existir. De fato, isso é tão óbvio que sequer deveria ser submetida a algum tipo de avaliação. Se há algo que impacta a operação, deveríamos corrigir e pronto. Mais que isso é perda de tempo. Mas a operação não pode ser realizada de qualquer maneira. Ela precisa estar conforme. Senão, eventualmente será interrompida por força de norma.

Uma empresa não pode operar sem conformidade

Toda instituição segue um conjunto de códigos do seu mercado. Os bancos seguem a regulamentação do Banco Central e as normas globais; as operadoras de telecomunicações seguem a Anatel; a ANS regula os planos de saúde etc. Além disso, as empresas são obrigadas a atender uma série de regulamentações genéricas tais como o código do consumidor e a legislação tributária.

Essas regulamentações são complexas e sofrem alterações periódicas que são repassadas à TI na forma de mudanças e solicitações de serviços pontuais. Erros no recolhimento de impostos ou atrasos na transferência de informações obrigatórias resultam em multas elevadas, perda de licenças, impactos na imagem ou interrupções da operação por força da justiça.

Além do ambiente externo, o *Compliance* e o *Security Officer* também regulam o comportamento dos funcionários, gerando demandas a TI.

Dessa forma, o mercado e a própria empresa regulam a operação, que precisa de conformidade, caso contrário será interrompida por força de norma. Sem conformidade, o contexto que a operação roda deixa de existir.

Por sua vez, não faz sentido melhorar o desempenho de uma operação que não segue a sua regulamentação ou as políticas da própria empresa. Todos vão questionar primeiro a conformidade do que você está fazendo. A conformidade vem antes da melhoria, do produto ou do projeto, que precisam de *budget* para acontecer. A operação contínua e a conformidade abrem caminho para o próximo item da escala de importância: o faturamento.

O faturamento requer previsibilidade, exatidão e agilidade da TI

Falhas no faturamento resultam em atrasos no pagamento, devolução de notas fiscais, problemas comerciais e legais. Muitos problemas no faturamento possuem uma característica incômoda: se acumulam. Outros são pontuais. Tanto falhas operacionais quanto vícios ocultos causam perda de receitas que poderiam financiar a execução de outras atividades. O faturamento precisa ser previsível e exato.

Existe também uma série de obrigações contratuais que podem atrasar o faturamento e geram demandas a TI: relatórios, níveis de serviço cumpridos, arquivos transferidos, implantações realizadas etc. Se a TI atrasa, o contas a receber não recebe. Todas as atividades relativas ao faturamento requerem agilidade da TI.

Sem a operação não há o fato gerador de receita. Também, não se pode faturar um serviço que não está conforme. A operação e conformidade são premissas do faturamento, que por sua vez, financia os projetos.

É necessário faturar para criar produtos e melhorar

Um fluxo contínuo e crescente de receitas garante uma estabilidade para que a empresa continue investindo na TI. É fácil justificar um acréscimo de funcionalidade numa aplicação de callcenter de uma operação lucrativa. Mas é difícil viabilizar um investimento num novo canal web de um produto com problemas no faturamento. É melhor corrigir o faturamento ao invés de aumentar o problema.

Ou seja, uma empresa cuja operação sofre poucas interrupções, é conforme e possui um faturamento previsível, investe em produtos e melhora os seus processos internos.

De fato, o quarteto Operações/ Conformidade/ Segurança/ Faturamento é nessa sequência os controles mais auditados pelas empresas. Se as empresas auditam esses processos, é porque consideram eles importantes. Dessa forma, podem ser usados como balizadores das nossas prioridades. Qualquer coisa muito diferente disso é porque alguém cometeu um erro.

Pisei na bola, é urgente!

O PMO corporativo envia um e-mail para a infraestrutura solicitando a instalação de um servidor virtual. "Estamos atrasados. Vamos precisar antecipar a instalação. É urgente!".

O analista de sistemas solicita uma mudança emergencial de uma melhoria no e-commerce sob a justificativa de atraso na implantação. "O atraso vai impactar o cliente. É urgente!".

O comercial solicita um relatório para enviar à matriz. "Estamos definindo a nova campanha do terceiro trimestre. É urgente!".

A incompetência, os imprevistos e os descuidos são camuflados pela urgência e empacotados por algum apelo ao cliente ou a hierarquia: "Falei com fulano e ele já autorizou"; "O cicrano já está ciente do problema". E, na velocidade da luz, o problema do cliente interno torna-se um problema do profissional de TI, que precisa aprender a argumentar e dizer "não", pois sobra para ele ou ela a dificuldade de lidar com a obrigação de fazer tudo. Sem argumentos, o profissional de TI vira presa fácil para aqueles que falam bonito e que têm amigos poderosos.

Por sua vez, o fornecedor de serviços que possui uma noção clara de prioridades torna mais fácil a tarefa de negociar prazos e acelera o desenvolvimento de uma visão de negócios.

Quando a sua vez chegar e você precisar que alguém faça algo urgente para você, peça gentilmente um favor, cobre uma dívida, faça uma promessa, diga que é importante para o seu trabalho, peça desculpas, mas, sob hipótese alguma, diga que é urgente!

Capítulo 7

Por que a TI possui baixos índices de satisfação?

Conclusão

A TI possui na média baixos índices de satisfação porque falha na entrega, tem dificuldade de divulgar o seu serviço e é um monopólio de serviços, fonte de tensão constante com os clientes internos.

A baixa satisfação dos usuários causa rupturas frequentes na estrutura de TI com a missão de melhorar o desempenho, iniciando um novo ciclo.

As áreas de TI que conseguiram interromper esse ciclo de ruptura e melhorar a satisfação dos seus usuários foram aquelas que aprenderam a lidar com o comportamento oportunista dos seus clientes, enquanto trabalharam para melhorar o seu desempenho e o alinhamento com o negócio.

Saiba o porquê

As áreas de TI estão repletas de histórias de heroísmo:

"Nós integramos dezoito empresas distintas na mesma rede criando interfaces em banco de dados e aplicações. Que desafio! Todas adquiridas pela minha empresa. Uma tarefa incrível"[141].

"Virtualizamos 70% dos nossos servidores físicos em tempo recorde. O nosso time de infraestrutura trabalhou dia e noite para fazer desse projeto um sucesso sem impacto algum no negócio. Até o presidente veio apertar a nossa mão."

"Apesar das falhas de especificação do negócio, a equipe de desenvolvimento trabalhou vários finais de semana para recuperar o tempo perdido. O projeto foi um sucesso e até hoje, colhemos os benefícios".

Histórias carregadas de emoção, algumas lembram o filme *Jerry Maguire*, fazem parte da experiência dos profissionais de TI e da cultura de qualquer empresa. Contudo, contrastam com o baixo nível de satisfação dos clientes internos, que possuem outra versão da história.

Heroísmo não garante a satisfação dos clientes

Segundo pesquisa realizada pela *Information Week*, somente 18% dos usuários estão completamente satisfeitos com a qualidade, prazo e custo dos projetos da TI. Na prestação de serviços, apenas 29% do negócio considera a área de TI ágil e flexível.

De fato, isso não deveria ser uma surpresa, pois, em média, apenas um terço dos projetos de TI são bem sucedidos[96, 100]. A falha ou sucesso na entrega dos projetos impacta a satisfação do cliente interno.

Por sua vez, a disponibilidade de sistemas é esperada. O cliente não fica mais satisfeito com os serviços de TI ao perceber que o sistema está disponível no começo da manhã (e o marketing de serviços?). Essa é uma das dificuldades de reconhecer o excelente trabalho de algumas funções técnicas como o suporte a servidores ou *storage*. O usuário somente se lembra da TI quando o serviço está indisponível.

O usuário só se lembra da TI quando há indisponibilidade

Essa característica ingrata é também uma oportunidade para as áreas que interagem com o cliente. *Service Desk* eficazes, profissionais que entendem as particularidades do cliente e analistas que resolvem qualquer problema aumentam a satisfação do cliente. Aliás, *satisfação* vem do latim *satisfactio* que significa *"pagamento de uma dívida", "reparação"*. O profissional que repara o serviço gera satisfação, pois mantém e torna o serviço mais útil para o cliente interno. A utilidade pode ser reparada.

De fato, existe uma relação direta entre a utilidade de um serviço e a satisfação do usuário. Quanto mais útil for um sistema para o seu trabalho maior será a satisfação. Sistemas bem especificados, estáveis e com um suporte de alto nível elevam a utilidade do serviço e, portanto, a satisfação.

Quanto maior a utilidade de um serviço maior é a satisfação do usuário

O usuário, como qualquer consumidor, distribui os seus recursos limitados para extrair utilidade dos investimentos ou dos serviços que consome da TI. Quando a utilidade (valor) que se obtém do serviço for superior à sua expectativa dizemos que o cliente está satisfeito.

Por essa razão, é tão importante alinhar expectativas com o cliente. Alinhamento que só funciona numa TI que tenha um bom desempenho. Sem desempenho, a promessa vira uma falha. Que é o mesmo que não alinhar. Sem alinhamento, a insatisfação vem por e-mail culpando a TI por algo que não fez, mas que havia prometido, sabe Deus quando. Com alinhamento e boa entrega, a satisfação vem naturalmente, mas com prazo de validade. Ela vale apenas para aquela entrega.

A satisfação é um julgamento a posteriori de uma transação com base numa expectativa

Isso quer dizer que a expectativa do cliente interno pode variar de uma transação para outra. E se pode, varia na direção do aumento da régua de exigência. De fato, percebemos que o cliente interno fica mais exigente a cada interação.

De acordo com a pesquisa "Retail Trends 2012", o acesso à informação e novas tecnologias fazem com que surja um novo grupo de consumidores mais exigentes. Clientes que impõem as suas próprias regras trocando rapidamente de produto e comprando em múltiplos canais. Pessoas que trabalham em empresas e que são obrigadas a consumir serviços de tecnologia de um único fornecedor.

O monopólio da TI é uma fonte constante de insatisfação

A incongruência entre as opções de um consumidor e o monopólio da TI quando ele vira "usuário" é uma fonte de tensão constante. Insatisfeito com o custo e prazo da TI, o cliente compara constantemente a sua relação com o mercado, no qual dita as regras.

O resultado dessa comparação é um paradoxo, pois a TI é uma função criada para executar atividades de forma rápida e mais eficiente do que, por exemplo, caso houvesse várias TIs. O problema é que a TI é conhecida mundialmente por ser uma área cara, com capacidade limitada e lenta. Assim, a comparação com monopólios que determinam os preços e a produção é inevitável.

Com efeito, o relacionamento entre a TI e o negócio é um monopólio bilateral. O negócio tem um único fornecedor (isso está mudando com a tecnologia). A TI tem apenas um cliente. Ambos os lados pressionam. O negócio pressiona por mais. A TI pressiona para impor o seu preço e regras.

Um monopólio bilateral é uma combinação de interesses comuns e conflitos de interesses. Os jogadores têm interesse em chegar a um acordo, mas divergem em como fazê-lo. O casamento é um exemplo que dispensa maiores explicações. Se os cônjuges chegam a um acordo, o ganho do relacionamento será maior que zero; caso contrário, o ganho será zero. Ambos os lados pressionam por vantagens, mas sabem que se não chegarem a um acordo não ganharão nada. Por isso, os monopólios bilaterais lembram uma série de TV. Eles são recheados de ameaças, barganhas, negociações, blefes e guerras.

Quando um dos lados se aproveita de uma situação para ditar as suas regras dizemos que há um comportamento oportunista. Postura que põe em risco o relacionamento. Por essa razão, participantes inteligentes possuem estratégias para eliminá-lo.

Na idade média, os reis realizavam casamentos entre parentes ou trocavam reféns. Se alguém atacasse, poria em risco o parente ou o refém. As empresas trocam ações quando a dependência entre elas é muito grande. As ações funcionam como reféns. Os casais mantém o relacionamento estável com o compromisso moral, um contrato e ameaças veladas de ambos os lados. Todas essas estratégias têm algo em comum: criam artificialmente um custo para evitar que uma das partes se aproveite de uma situação mais favorável.

A TI precisa de uma estratégia para garantir um relacionamento saudável com os seus clientes

O bom desempenho e alinhamento com o negócio gera satisfação, mas não garante necessariamente um relacionamento saudável com o cliente interno. A explicação é simples. O usuário responsabiliza a TI pelos seus problemas quando percebe que não há risco ou não será punido pela empresa.

Quem é do ramo sabe que isso é, de fato, verdade. A TI precisa, portanto, de uma estratégia que crie um custo para eliminar o comportamento oportunista e deixe a TI fazer o trabalho dela.

Se há uma estratégia, ela começa com um bom desempenho. Uma TI que falha na entrega de projetos e que tem problemas na infraestrutura não se sustenta por muito tempo. Sem a entrega, a TI não pode alinhar os seus objetivos com os objetivos do negócio.

A boa entrega abre caminho para promessas que serão cumpridas. Promessas que permitem o alinhamento e funcionam como uma troca de reféns. Eu prometo, mas preciso que você interrompa o comportamento oportunista e pare de nos culpar pelos seus próprios erros. Senão, o meu desempenho será comprometido, todos perderão e saberão o que aconteceu.

Os economistas criaram um instrumento para eliminar o comportamento oportunista: o contrato. O contrato estabelece regras que evitam que um dos participantes mude os termos no meio da transação. Contudo, contratos não melhoram o relacionamento comercial se uma das partes não entrega. Aí, só ajudam a terminar o relacionamento. Por essa razão, qualquer relacionamento saudável começa com um bom desempenho.

Quando o relacionamento evolui, a própria TI cria alternativas de fornecimento externas, mas ainda administrado pela TI. Por isso, é preciso estabelecer acordos formais (SLAs, modelo de governança) com o negócio. Senão, este último vai querer administrar uma tecnologia ou liderar um projeto quando lhe for conveniente ou deixar para a TI quando não for do seu interesse.

Quando a TI trabalha bem alinhada com o negócio dizemos que há uma parceria. A prática mostra que ela é um relacionamento nervoso que somente funciona quando há um elevado comprometimento/desempenho de ambos os lados e informação de boa qualidade no lado mais fraco, que é a TI. Informações sobre a prestação de serviço são necessárias para impor as regras que foram estabelecidas nos contratos.

O comportamento oportunista do negócio causa atrito, gera insatisfação e danifica a imagem de toda a TI. Até a TI explicar que focinho de porco não é tomada, o estrago já terá sido feito. Mas como em todo monopólio bilateral, o comportamento oportunista se manifesta de ambos os lados.

O comportamento típico da TI causa insatisfação

Tudo começa no help-desk, também conhecido como help-esquece. Aquele lugar que você liga para explicar que apareceu uma tela azul no seu computador, e que depois, nada acontece. Após várias ligações, surge um funcionário da TI sem empatia para examinar o seu notebook. Ele faz uma cara de que ferrou e diz: "alguém virá aqui para resolver o problema". Assim que ele sai, você começa a falar mal da TI. O problema se arrasta por vários dias até alguém resolvê-lo. Seis meses depois os gestores de TI ficam surpresos quando descobrem que apenas 30% dos usuários estão satisfeitos.

Mesmo serviços bem estruturados sofrem com comportamentos apáticos e mal intencionados do time de TI. Comportamentos que desperdiçam oportunidades de ouro para reparar a satisfação do cliente. Tome como exemplo, o profissional de TI que utiliza uma linguagem técnica para distorcer fatos, para impor soluções ou esconder problemas.

Posturas tecnocratas, falta de interesse pelas questões particulares dos clientes e falar "não" sem oferecer alternativas, são exemplos de comportamentos que se não forem bem gerenciados geram insatisfação.

A TI é uma das áreas mais odiadas nas empresas

A TI é uma das áreas mais odiadas nas empresas, e muito, principalmente por culpa da própria TI, que não desenvolve comportamentos desejados na sua equipe. É por essa razão que existem muitos modelos e treinamentos focados em comportamento nas interações com o cliente. Comportamentos que reparam a satisfação, compensando falhas eventuais da TI. Contanto que sejam realmente eventuais.

Não há suporte técnico ou comportamento que reverta a imagem de uma TI que entrega os projetos com atraso, que tem problemas constante na infraestrutura e contribui pouco para o crescimento da empresa. Segundo pesquisa realizada pela Bain & Company[121], apenas 15% das empresas possuem uma TI que

Capítulo 7 - Por que a TI possui baixos índices de satisfação? — 57

executa bem ou que contribui significativamente para o crescimento da empresa. Esse número tem uma correlação muito grande com pesquisas sobre satisfação da TI, sempre variando entre 15 e 30%.

O bom desempenho quando alinhado com o negócio abre caminho para os fortes compromissos de ambos os lados, que funcionam como uma troca de reféns. Os contratos e as informações entram em seguida para formalizar e sustentar esses compromissos.

Quando a informação é divulgada sem rebater algo, dizemos que realizamos o marketing de serviços. Com ele, a TI consegue mais visibilidade e defende-se melhor. Sem publicidade, a TI é somente lembrada quando o sistema fica indisponível. A divulgação dos bons resultados funciona como uma espécie de conta corrente que será sacada na ocorrência de um problema.

As áreas de TI, que possuem alta satisfação, são aquelas que têm um alto desempenho, trabalham bem alinhadas com o negócio e criam estratégias para minimizar o comportamento oportunista de ambos os lados. Nelas, as pesquisas de baixa satisfação e os help-esqueces ficaram para trás.

Capítulo 8

Por que desenvolver pessoas, e depois sistemas?

O GERENTE DE TI PF.
QUE VIROU HERÓI

Conclusão

Os melhores gestores de TI aprenderam que para conseguir um alto desempenho necessitam realizar tudo por meio das pessoas. É dessa forma que conseguem equacionar a capacidade de entrega à demanda crescente do negócio.

Por sua vez, os gestores que comandam não desenvolvem pessoas, pois ninguém cresce profissionalmente recebendo apenas instruções ou ouvindo sermões. Sem desenvolvimento, o desempenho da equipe tende a cair, pois as competências profissionais ficam rapidamente obsoletas.

Como consequência, o gestor compensará o baixo resultado da equipe tornando-se um super-herói. Mas como isso não é sustentável, eventualmente, será convidado a deixar a empresa e os atos de heroísmo para trás.

Saiba o porquê

No famoso livro a Meta[56], um gerente de fábrica evitou a falência da empresa enfrentando um problema complexo com a ajuda de seu antigo professor da faculdade.

A fábrica sofria com atrasos constantes na entrega de pedidos e um estoque crescente de produtos, elevando os seus custos operacionais. Para piorar a situação, o presidente da empresa deu um ultimato ao gerente da fábrica: ele teria três meses para zerar a fila de pedidos.

Apesar da melhor tecnologia, da mão de obra qualificada e de máquinas novas, os problemas se acumulavam. Por mais que trabalhassem, a capacidade não era suficiente para atender a todos os pedidos. Diante do emaranhado de informações, o gerente pediu ajuda ao seu antigo professor e mentor.

O professor facilitou sem impor uma solução: a fábrica possuía um gargalo em algum ponto da cadeia. De fato, uma máquina determinava todo o ritmo de produção. Se o equipamento produzisse mais, a produção aumentaria. Se parasse, não haveria produção. Os demais equipamentos apenas acompanhavam

Capítulo 8 - Por que desenvolver pessoas, e depois sistemas? — 61

o ritmo dessa máquina e eventualmente produziam mais que o necessário, aumentando o estoque. O gerente da fábrica resolveu o problema acrescentando outro equipamento, duplicando a capacidade produtiva.

Uma solução simples para um problema complexo fez com que a capacidade produtiva duplicasse e os estoquem caíssem. O gerente foi promovido e a sua vida pessoal voltou ao normal.

Os profissionais desenvolvem-se quando lidam com situações de complexidade crescente

De acordo com pesquisa realizada pela Lominger[114], cerca de 70% das pessoas aprendem quando realizam alguma tarefa no trabalho e 20% aprendem de outras pessoas. Os outros 10% vem do aprendizado formal.

Essa pesquisa confirma o que é de senso comum: aprendemos mais quando temos a oportunidade de lidar na prática com problemas. De fato, ela é um indicativo do quanto é importante criar novas oportunidades de trabalho para a equipe. Ninguém se desenvolve recebendo instruções ou sermões o tempo todo. Como brinca Boterf: a competência não pode funcionar a vácuo[48].

Se você teve a oportunidade de liderar um projeto de migração de mainframe, não terá dificuldade para realizar integrações entre a baixa e alta plataforma. Se você foi o responsável pela definição e configuração de um servidor de aplicação, não terá dificuldade para especificar uma solução de alta disponibilidade que envolva o mesmo servidor.

O trabalho na TI proporciona situações de complexidade crescente, fazendo com que o profissional aprenda e mobilize vários recursos simultaneamente.

O trabalho em TI é um ambiente perfeito para estimular o desenvolvimento profissional

O trabalho na TI é sinônimo de incerteza, complexidade e mudança constantes. Isso faz com que seja o ambiente perfeito para estimular o desenvolvimento profissional, contanto que o seu gestor largue o osso e seja capaz de resistir à tentação de resolver sozinho todos os problemas.

Não há desenvolvimento se o seu chefe interferir em cada etapa do seu trabalho, mesmo que seja com as melhores das intenções. Um profissional se desenvolve quando tem a autonomia para pensar e agir diante de um problema de maior complexidade. É por essa razão que líderes autoritários desenvolvem sistemas e não pessoas. Esses gestores, conhecidos como "chefes", têm dificuldade de deixar a sua equipe assumir tarefas e levar o crédito por isso. Líderes de verdade sabem quando devem se calar e liberar o caminho[117].

Por sua vez, os verdadeiros líderes desenvolvem pessoas que desenvolvem sistemas, pois são capazes de atribuir novos papéis e responsabilidades para a equipe. Enquanto reduzem o seu papel de gestor para facilitador, de comandante para aquele que pergunta o que fazer.

Os líderes de maior desempenho realizam através das pessoas

Segundo a ITIL, os serviços de TI são baseados em tecnologias, pessoas, processos e parceiros. Se um desses componentes falhar, o quadripé se desmonta. Como as empresas concorrentes têm acesso às mesmas tecnologias, práticas e fornecedores, o que diferencia uma TI da outra são as pessoas.

Os executivos de TI, de maior desempenho, são aqueles que perceberam isso, saíram da retórica e desenvolveram habilidades para realizar através da equipe. Possuem o sangue frio de delegar tarefas de alto valor para um profissional se desenvolver. Delegações com apoio do gestor, cujos resultados podem levar meses e com benefícios acumulativos.

Por sua vez, o desempenho da equipe de um líder autoritário tende a cair com o tempo, pois as competências profissionais ficam rapidamente obsoletas sem o desenvolvimento contínuo. Competência tem vida útil.

Os líderes que não desenvolvem pessoas tendem a se esgotar com o tempo

Os clientes internos possuem uma régua crescente de expectativa. Ou seja, sempre esperam que a TI tenha ganhos contínuos de produtividade. O aumento da demanda é, portanto, certo.

A combinação do aumento da demanda com uma equipe de baixo desempenho faz com que o chefe transforme-se num herói para compensar a diferença e manter o emprego.

Gestores que infantilizam a equipe ficam presos a um círculo vicioso de tentar estar em todas as reuniões, responder a todos os e-mails e resolver todos os problemas da área.

Ao comandar ao invés de liberar o caminho, retiram a autoridade da equipe para agir, transformando profissionais que poderiam aprender na prática em pessoas dependentes, passivas. O resultado disso é a ausência do exercício da competência através da planificação da hierarquia.

Em contrapartida, o gestor que desenvolve pessoas, e não sistemas, conta com uma equipe de capacidade e qualidade crescentes, liberando o seu tempo para tornar a área mais importante para o negócio por meio de relacionamentos com os seus pares.

O gestor que desenvolve pessoas venceu o dilema entre tomar todas as decisões ou deixar o caminho livre para uma equipe menos experiente assumir. Ao optar pela última, sabe que está assumindo mais riscos, mas a longo prazo os problemas serão resolvidos rapidamente por uma equipe que aprendeu a lidar com problemas de complexidade crescente.

O desenvolvimento profissional aumenta a empregabilidade na TI

Á única coisa certa na TI é a mudança: amanhã haverá uma restruturação; no mês seguinte, a operação do maior cliente será duplicada; no próximo ano, uma área de TI será terceirizada e uma operação terceirizada será internalizada; um profissional que exerce uma função técnica terá que gerenciar fornecedores de uma hora para outra e uma mudança de plataforma tornará obsoleta a especialidade de uma equipe inteira.

Nenhuma empresa está preparada para mudar os recursos humanos de TI tão rapidamente quanto ela necessita. Existe, portanto, um gargalo de RH parecido com o gargalo da TI. A empresa conta com a equipe existente para fazer as transformações necessárias para crescer. E os profissionais de TI necessitam tornarem-se multifuncionais, polivalentes, mudar o escopo de trabalho e serem capazes de executar atividades mais complexas. Sem desenvolvimento, serão convidados a deixar a empresa por problemas de adaptação.

Além de reduzirem os desligamentos, ações formais e informais de desenvolvimento de pessoas também reduzem os pedidos de demissão. Segundo pesquisa realizada pela PwC[116], a busca por maiores perspectivas de carreira é o motivo principal para os pedidos de demissão. Sem desenvolvimento, o profissional não visualiza nenhuma perspectiva de crescimento e muda de empresa.

Capítulo 8 - Por que desenvolver pessoas, e depois sistemas? — 65

De fato, muitos gestores fazem exatamente o contrário: optam por não investir para não perder o funcionário, avaliando que uma maior qualificação aumentará a probabilidade do profissional buscar outra posição no mercado. Há certa verdade nisso, mas a chance de um profissional pedir as contas por não enxergar nenhuma perspectiva de crescimento é muito maior do que a possibilidade de sair da empresa devido ao seu crescimento profissional.

Como todo emprego é temporário, é melhor investir e reter um profissional por um período de tempo com alto desempenho, do que retê-lo sem desenvolvimento algum e com baixo desempenho. Além disso, provavelmente o profissional ficará mais tempo na empresa se estiver se desenvolvendo.

O gestor que desenvolve sistemas, e não pessoas, eventualmente, sairá da empresa por esgotamento físico/mental ou será convidado a sair. No último caso, culpará a sua própria equipe pelo baixo desempenho. O que pode até ser verdade, mas não terá aprendido a lição de que ele foi o causador do problema.

.

Capítulo 9

Por que os "chefes" ameaçam e fazem piadas sem graça?

Conclusão

Alguns profissionais de TI em posições de liderança comportam-se de forma autoritária para conseguir resultados mais rapidamente. Diante do desvio entre a demanda e a capacidade de execução, recorrem a ameaças diretas na expectativa que isso melhore o desempenho.

De fato, pesquisas comprovam que a longo prazo o emprego desses profissionais está em risco, pois não são executores de alto nível. Esses gestores, conhecidos como "chefes", tratam pessoas como coisas, infantilizando-as. Isso acaba reduzindo o desempenho da equipe e, como consequência, o seu próprio resultado.

Os "chefes" possuem outra característica nefasta: usam piadas sem graça, muitas vezes às custas da sua equipe, para suavizar o impacto de suas ameaças e estragar o dia daqueles que possuem senso de humor.

Saiba o porquê

Um arquiteto de software foi promovido para gerente de desenvolvimento de uma equipe composta por sete programadores experientes. A necessidade de migrar todas as aplicações para a nova arquitetura e o seu conhecimento foram determinantes para a sua promoção.

Como o calendário de entregas era agressivo, decidiu que as soluções seriam criadas por ele e comunicadas para a equipe, acelerando o início do desenvolvimento. A ideia era ganhar tempo, afinal, ele era um arquiteto experiente, certificado e decididamente tinha uma capacidade maior de desenhar soluções do que toda a equipe.

Três meses depois, o projeto estava muito atrasado e o novo gerente enfrentava uma insatisfação geral na equipe. Conversando com o seu gestor concluiu: "tentei acelerar as coisas definindo as soluções. Esperava comprimir o cronograma, mas o efeito foi contrário. Errei quando decidi não alinhar o planejamento com a equipe. Acho que o pessoal está me boicotando porque não está trazendo nenhuma ideia para resolver os problemas".

Capítulo 9 - Por que os "chefes" ameaçam e fazem... — 69

A partir dessa conversa, ele envolveu a equipe durante todas as fases do projeto, inclusive na definição da solução técnica.

"Tivemos bastante sucesso no projeto porque a solução que escolhemos não era mais a minha proposta, era a proposta do grupo inteiro de desenvolvimento", comentou após o término bem sucedido desse projeto.

As pessoas raramente são motivadas pela solução elegante de outra pessoa[114]

As pessoas gostam de participar e sentir que estão incluídas para que possam aceitar uma solução de outra pessoa. Sem isso, as pessoas apenas participam sem se comprometerem. Sem uma conexão com o que estão fazendo, o que fazem torna-se trabalho alienado com baixo engajamento e desempenho.

Uma avaliação realizada pela Korn/Ferry International, com cerca de 1,4 milhões de executivos identificou as principais características de um profissional de alto desempenho: os executores de alto nível são aqueles que pensam analiticamente e agem de forma colaborativa[114]. Ou seja, são capazes de utilizar o intelecto para desenhar soluções, mas na hora de desenvolver a decisão publicamente procedem de forma diferente: permitem que todos participem e investem um tempo precioso para conquistar a confiança da equipe.

Executivos de TI de alto desempenho pensam analiticamente e agem de forma colaborativa

Embora os gestores de TI, que possuem uma base sólida de tecnologia, conheçam as soluções em detalhes e saibam como implantá-las, percebem por meio do fracasso que isso não é suficiente para terem alto desempenho. Saber as respostas não é suficiente para empreender e realizar. É necessário deixar que os outros também contribuam para o resultado.

O executivo de TI que opera apenas por meio de comandos e controles corre o risco de ver a sua esfera de influência minguar, pois a sua equipe influencia as equipes do negócio, e, portanto, acaba influenciando negativamente a percepção dos seus pares. Esses, por sua vez, influenciam o CEO e os demais executivos de peso na empresa.

Isso é o que revela uma pesquisa realizada pela Gartner: 20% dos executivos de TI estão em risco por falta da capacidade de desenvolver relacionamentos com os seus pares e com o CEO[115]. A empregabilidade desses executivos está na reta porque o alinhamento com o negócio depende fortemente de um bom trânsito nas áreas internas. Que somente se sustenta se a TI tiver uma boa entrega. O que não vai acontecer para aqueles que não possuem um relacionamento de confiança com a equipe.

Gestores autoritários não desempenham bem em longo prazo

Quase todos os gestores de TI participam de programas de desenvolvimento de lideranças e workshops sobre gestão de pessoal. Esses eventos reforçam a necessidade de termos uma liderança que estimule o desenvolvimento de pessoas e a cooperação entre áreas.

Apesar de entenderem a importância de inspirar as pessoas e de construir relacionamentos, alguns gestores não mudam a forma que lideram a sua equipe (ou não sabem?). Concordam de um lado, e agem de outra forma. São inconsistentes e oportunistas. Envolvem o grupo quando interessa, mas são autoritários quando alguém discorda da sua opinião.

Por sua vez, os profissionais coisificados por um líder autoritário eventualmente pedirão demissão, farão corpo mole, boicotarão ou simplesmente ficarão estressados. Isso compromete a gestão, pois pessoas que são tratadas como secretárias não informam. Com o tempo, a temperatura do trabalho eleva-se, impactando a produtividade da equipe. Sem seguidores, o desempenho do "chefe" cai em longo prazo.

Os líderes autoritários que ameaçam a equipe para obter resultados em curto prazo são conhecidos como "chefes"

Os executores de alto nível começam as suas carreiras nos estilos de liderança mais focados nas tarefas intelectuais, passando para os estilos sociais participativos à medida que eles escalam o organograma da empresa[114]. Os "chefes" são justamente aqueles que chegaram ao topo, mas não mudaram a forma de liderar. Ou seja, não são executores de alto nível.

A TI possui um grande número de funções exercidas por profissionais que, eventualmente, pularam da sua carreira técnica para um cargo gerencial. Dessa forma, um profissional que nunca gerenciou pessoas assume um cargo cujo resultado não mais depende apenas do seu trabalho.

Alguns conseguem mudar rapidamente a forma de liderar, envolvendo a todos e escutando menos a própria voz. Outros, conhecidos como "chefes" passam a liderar da mesma forma que trabalhavam na sua função técnica, usando a força bruta da experiência ou o crachá para convencer os demais.

De fato, não levar em consideração a opinião de um colega de trabalho é uma falta de respeito. É uma grosseria que pode ser tão sutil quanto não incluí-lo numa comunicação por e-mail. Assim, quando um gestor autoritário toma uma decisão sobre o seu trabalho sem te consultar, ele passa a seguinte mensagem: "não dou a mínima para a sua qualificação profissional, para a sua opinião. A sua opinião não tem valor. Ela não é importante".

"Chefes" não respeitam o trabalho da equipe

Como diz o Paulo Gaudêncio: "coisas têm preços. Pessoas têm dignidade. Atribuir uma utilidade para pessoas é a mesma coisa que dar um preço para elas". Se o seu gestor trata você como uma coisa, atribuindo uma utilidade o tempo todo, ele não respeita o seu trabalho: "não precisa chamar o fulano para a reunião, pois ele não tem tanta experiência"; "não te copiei no e-mail porque achei que você não iria contribuir naquele momento". Pessoas que têm preço são pessoas dependentes. Pessoas dependentes participam, mas não se comprometem.

Sem o comprometimento da equipe e pressionado por resultados, o "chefe" decide apelar para um novo expediente: ameaçar à equipe.

Um estudo realizado pelo *Journal of Epidemiology and Community Health* menciona que empregos com alto nível de exposição a ameaças de colegas, chefes ou clientes, aumentam em cerca de 50% o risco de depressão e 30% o risco de distúrbio relacionado ao estresse.

A falta de autonomia, grosserias ou até ameaças verbais impactam a produtividade e até a saúde do profissional. Em razão da criticidade do tema, foram aprovadas várias leis a nível municipal, estadual e federal no Brasil. A própria CLT já prevê a indenização por falta grave do empregador, inclusive ações categorizadas como assédio moral.

Capítulo 9 - Por que os "chefes" ameaçam e fazem... — 73

Com o tempo, pequenas grosserias ou atos de incivilidade do seu "chefe" tornam-se ameaças diretas ou sessões de humilhações na presença de colegas ou clientes. Essas últimas são classificadas como assédio moral, e, portanto, saem do escopo da empresa (da gestão) para o escopo do judiciário.

Os líderes autoritários eventualmente assediam moralmente

Infelizmente, há empresas cujos processos internos de RH e *Compliance* não são maduros. Nessas, os "chefes" (líderes autoritários que ameaçam) são valorizados, pois são agentes de mudanças e produzem resultados no curto prazo, contanto que os números sejam bons.

Por sua vez, existem outras, mais bem estruturadas que possuem um RH ou *Compliance* que auxiliam o profissional que passa por esse tipo de situação, desligando o agressor ou investindo no seu desenvolvimento (nos casos menos graves).

De fato, para deixar de ser um "chefe" e se tornar um líder de alto desempenho, é necessário desenvolver uma nova habilidade cognitiva: a capacidade de gerenciar o seu ego em duas situações semelhantes.

A primeira, quando um problema surge e exige uma abordagem analítica para formar uma opinião; um trabalho intelectual e individual do gestor, no qual é utilizada a competência técnica para chegar a uma solução. A segunda, quando é necessário discutir o mesmo problema com a equipe; um debate, no qual todos podem contribuir e a opinião do mais técnico, não necessariamente vai prevalecer.

Sem essa flexibilidade na hora de lidar com a equipe, resta ao "chefe" apelar para grosserias com intensidades crescentes, que eventualmente escalam para o assédio moral.

Quanto às piadas sem graças, estas fazem parte da sua estratégia de assediar. Que diante de uma plateia garantida, usa as piadas sem graça para suavizar o impacto das ameaças e para estragar o dia daqueles que possuem senso de humor.

Capítulo 10

Por que os *Nerds* precisam aprender a fazer política?

O HERÓI QUE CORREU NA DIREÇÃO ERRADA PF.

Conclusão

O trabalho na TI não está restrito a resolver problemas técnicos ou administrar contingências externas. A maioria dos profissionais de TI tem que gerenciar conflitos com colegas, clientes e fornecedores.

Conflitos resultantes da necessidade que todos têm de ocupar espaço dentro das empresas. De obter mais recursos, projetos, verbas ou de serem promovidos.

Por essa razão, ser um excelente técnico não é condição suficiente para ser bem sucedido no trabalho. É necessário aprender a fazer política. Sem ela, o seu trabalho não avança.

Bons ou maus técnicos precisam da política para sobreviver, pois é através dela que as empresas se organizam. Não faz sentido mudar de emprego simplesmente porque na outra empresa as pessoas são legais e éticas. Mais cedo ou mais tarde, você vai perceber que os seus colegas não são tão legais ou éticos quanto você pensava.

As pessoas são promovidas porque são competentes tecnicamente e aprenderam a jogar. Os profissionais experientes sabem que quanto mais alto na hierarquia, maior é a possibilidade de exposição a jogos políticos. Darwin é cruel no topo da cadeia alimentar.

Saiba o porquê

Um gerente de sistemas era avisado sempre de última hora para a reunião de diretoria. Isso prejudicava a defesa de seus projetos. O seu gestor sempre tinha uma explicação para o que acontecia. Com o tempo, o profissional percebeu que isso era deliberado, o chefe tinha medo de perder o emprego para ele. Após alguns meses pediu demissão.

Um arquiteto de soluções recém-contratado notou que após seis meses o time de desenvolvedores ficara indiferente a ele. Ele participava das reuniões, mas ninguém pedia a sua opinião. Era convidado apenas para seguir processos *pro forma*. Nos

Capítulo 10 - Por que os Nerds precisam aprender a fazer política — 77

bastidores, comentava-se que o arquiteto não sabia lidar bem com pessoas e conflitos.

Toda vez que um analista de negócios fazia uma proposta de mudança, era rechaçado pelo responsável. Descobriu que todos que tentavam sugerir uma melhoria de serviços eram tratados dessa forma pelo gerente da área, que não gostava de intrusos.

Todas essas histórias reforçam que o trabalho na TI não está restrito às questões técnicas e às contingências externas. Aliás, são poucas as áreas que ficam no porão do datacenter interagindo somente com máquinas e programas. A maioria dos profissionais de TI tem que lidar diariamente com atritos gerados por colegas, clientes ou fornecedores.

Os profissionais de TI lidam diariamente com dissabores não técnicos

Pesquisa realizada em mais de 40 gerências de empresas de médio e grande portes[77] aponta que clientes, colaboradores e fornecedores manipulam informações, intimidam, fazem alianças, isolam, criam barreiras, desviam, desacreditam, camuflam e obstruem para obter recompensas e sobreviver.

De fato, pensamos no que falar ou omitir durante uma reunião importante. Avaliamos a melhor abordagem de fazer uma crítica a um colega sem nos queimarmos. Se um cliente solicita um relatório adicional, tentamos descobrir o que ele vai fazer com a informação. Procuramos, assim, maximizar a nossa recompensa.

Fazemos isso em atividades corriqueiras quando tomamos cafezinho ou almoçamos. Fingimos uma harmonia que não existe. Nela, nem tudo que é pensado, é falado. As pessoas são especialistas em esconder o que pensam e com frequência só falam se forem beneficiadas com isso.

Assim, antecipamo-nos ao comportamento das pessoas diante da nossa ação e optamos por aquela que maximiza a nossa recompensa. Os economistas chamam esse comportamento estratégico de jogos.

Participamos de vários jogos sem perceber. Muitas vezes, fingimos não jogar. Quando alguém pergunta se jogamos, dizemos: "que absurdo!". Mas de fato, lutamos por espaço, monitoramos os adversários (os outros) e compartilhamos os planos com os nossos aliados (o grupo mais conhecido como "nós"). Ou seja, sofremos dissabores da mesma forma que os causamos.

Participamos simultaneamente de vários jogos no trabalho

Desconheço algo mais complicado de definir do que *política*. Mas a sua definição passa pelo *poder*. Que é aquilo que as pessoas precisam para ter autonomia e liberdade. A *política* é a arte da disputa pelo poder. Sem ela não há organização. Não há instituições. Sem política não há empresas.

A empresa utópica, cuja organização é completamente determinada pelos méritos dos seus funcionários jamais existirá, porque a sua estruturação inicial exige relações de confiança anteriores à empresa. Além disso, mesmo que a empresa tenha um objetivo comum a todos, os colaboradores divergem quanto ao meio de atingi-lo. A maneira de resolver esses conflitos é através da política. A meritocracia e a política determinam a organização das empresas.

O extremo detestável da política é chamado de politicagem. A habilidade de dar rasteira nos adversários para obter vantagens pessoais. Essa capoeira corporativa é utilizada para atribuir injúrias a pessoas para forçar uma demissão ou conseguir mais recursos. É um gerente falando mal do seu colega para abocanhar parte da área do outro.

Quando a politicagem está misturada à política saudável surgem pessoas que detestam política (por boas razões). O apolítico fala o que pensa e se mete continuamente em encrencas. Às vezes envia e-mails bombásticos. Outras vezes, critica desnecessariamente uma falha do colega sem entender o lado dele. Deixa de reconhecer uma contribuição do negócio, mesmo que tenha feito quase tudo sozinho. Às vezes, vale a pena fazer o cliente levar o crédito pelo que você faz. O usuário indicará presumivelmente você para o próximo projeto e te reconhecerá.

O apolítico é competente tecnicamente, mas recua na hora de negociar com os seus pares ou clientes, deixando o caminho aberto para os outros. Aqueles bem relacionados e que lidam facilmente com os conflitos. Profissionais que adquirirem muito poder, pois sem eles a TI não consegue sobreviver e crescer.

Parafraseando o famoso historiador econômico Arnold Toynbee: "o maior castigo para os profissionais de TI que não se interessam por política interna, é que serão gerenciados por aqueles que se interessam".

Os profissionais de TI precisam aprender a fazer política

Querendo ou não participamos de vários jogos políticos. Um bom exemplo disso é o jogo pela confiança do seu gestor. Os seus colegas competirão pela confiança dele, irão elogiar o seu projeto na sua frente e falarão mal do seu trabalho pelas costas. Sem uma relação de confiança forte você não se manterá na posição, muito menos será promovido. Aliás, quando você divulga o seu trabalho, você também faz política, porque melhora a relação com que detém o poder.

Dar respostas grosseiras para a pessoa errada, não dar atenção para um profissional influente ou falar demais para puxadores de tapetes são exemplos de pequenos deslizes de quem não tem familiaridade com o poder.

Os jogos políticos seguem o princípio: "a verdade é o que pode ser dito impunimente"[60]. Você não pode falar tudo que sabe ou pensa. Senão será punido e perde o jogo. Essa é a maior dificuldade dos profissionais técnicos: ter a flexibilidade mental de sair do técnico para o político (ou vice-versa) de acordo com a situação.

O profissional de TI precisa superar o seu viés técnico

O funcionário avesso ao jogo político, que fica entocado e foge da raia toda vez que precisa enfrentar alguma situação, pode estar no lugar errado, na hora errada. Arrisca-se, assim, a virar bode expiatório ou alguém ser reconhecido no seu lugar. Aliás, essa é a definição de herói, do Paulo Gaudêncio: "o herói é aquele que morre de medo e foge, mas erra de direção e corre pra frente".

Existe também o risco de ser esquecido (como é mesmo o nome daquele rapaz que cuida do banco de dados?) ou de tacharem de incompetente (o que ele pensa mesmo? É melhor nem perguntar!). Quando a promoção não vem, ele reclama que ninguém reconhece o trabalho dele.

Aliás, não confunda "superar o viés técnico" com "deixar de ser técnico". Todos os profissionais de TI são técnicos. Superar o viés técnico significa eliminar a propensão ao pensamento técnico em todas as situações, percebendo que aquela situação é uma questão delicada, política. Mas para isso são necessárias novas habilidades.

Saber jogar é uma competência

Qualquer profissional de TI possui informação sobre os serviços que gerencia, mantém relacionamentos e ganha a autoridade da sua função. No jogo político, autoridade, relacionamento e informação são meios para a obtenção de resultados. Mas a posse dessas ferramentas não garante o seu bom uso. Você pode dar informação demais sem cobrar nada em troca; pode ter autoridade técnica, mas não participar das decisões; ou ter relacionamentos, sem usá-los a seu favor.

A área de vendas possui informação privilegiada sobre o cliente e a usa como lhe convier. Um problema num contrato pode virar um problema da tecnologia. Por sua vez, na TI todos os problemas são problemas da tecnologia, pois os servidores ainda não aprenderam a falar. Quem detém a informação a usa de forma oportunista.

Aqueles que não controlam a informação buscam se relacionar com aqueles que possuem autoridade sobre ela. Pense no analista que emite um relatório operacional de grande importância. "Não importa o que você conhece, mas quem você conhece", falaria o guru.

Portanto, para jogar é necessário saber usar a informação, saber usar e construir relacionamentos e usar adequadamente a sua autoridade. Saber jogar é a competência de fazer política sem fazer necessariamente politicagem.

Saber jogar é a competência de fazer política sem fazer politicagem.

Você não precisa seguir a risca as recomendações de Maquiavel após assumir uma nova área: "ao apoderar-se de um estado, o conquistador deve determinar as injúrias que precisar levar a efeito"[105]. De fato, não há necessidade de caluniar ninguém com o objetivo de levar o crédito ou conseguir aprovar um projeto. É mais fácil e menos arriscado fazer uma parceria ou isolá-lo para fazer a coisa acontecer. O crime não compensa.

Aprender a jogar não implica ser agente de jogos mesquinhos. Não há vantagem de puxar o tapete do colega (você só puxará uma vez), falar mal dele o tempo todo (os seus colegas acharão que você fala mal deles também!) ou de sabotá-lo gratuitamente (não é melhor ter um aliado e levar parte do crédito?). Aliás, qualquer profissional pode até ser um canalha ou vir a sê-lo por opção, mas quem faz somente politicagem não sobrevive durante muito tempo.

Às vezes, a politicagem põe em risco a sobrevivência da própria empresa. Jogos territoriais entre áreas levam a empresa a soluções locais que acabam elevando o custo da operação.

Tudo isso não implica que o profissional de TI tem que ser bonzinho, 100% transparente e amigos de todos. Os profissionais verdadeiramente honestos, que falam o que pensam, não sobrevivem muito tempo. De fato, o bom político escolhe as pessoas para fazer alianças e controla a informação. Essa rede de relacionamentos dará proteção quando o seu adversário for promovido e quiser te expulsar do time.

Mas de nada adianta possuir habilidade política sem competência técnica. O mercado está repleto de histórias sobre integrações mal realizadas, downsizing que nunca aconteceram e projetos de Outsourcing que naufragaram porque foram liderados por profissionais políticos, mas que não conheciam as próprias limitações.

Profissionais políticos e competentes sobem em qualquer empresa

A competência técnica é condição necessária, mas não suficiente para ter sucesso. A habilidade política permite que o profissional demonstre a sua competência e seja visível pelo grupo. Sem ela, você é invisível. Você vira coisa.

Capítulo 10 - Por que os Nerds precisam aprender a fazer política

O inverso também é verdadeiro. Maus técnicos e bons políticos não sobrevivem durante muito tempo, pois perdem a credibilidade quando a TI falha.

Bons ou maus técnicos precisam da política para sobreviver, pois é através dela que as empresas se organizam. Dessa forma, não faz sentido mudar de emprego simplesmente porque na outra empresa as pessoas são legais e éticas. Mais cedo ou mais tarde, você vai perceber que os seus colegas não são tão legais ou éticos quanto você pensava. Alguns serão promovidos porque fizeram alianças com as pessoas certas. Outros porque puxaram o saco de alguém.

Grosso modo, as pessoas são promovidas porque são competentes tecnicamente e aprendem a jogar. Os profissionais experientes sabem que quanto mais alto na hierarquia, maior é a possibilidade da exposição a jogos políticos. Darwin é cruel no topo da cadeia alimentar.

Capítulo 11

Por que na TI tudo é número?

Conclusão

Para os pitagóricos, os números tinham dois significados distintos e complementares. Primeiro, eles tinham uma existência física tangível – como se fossem entidades. Segundo, os números fundamentavam tudo que existia. Séculos depois, somente sobreviveu o segundo aspecto dessa filosofia.

Na TI, quase tudo pode ser representado por números: aspectos de relacionamento podem ser traduzidos em medidas de satisfação (utilidade); comportamentos em tendências; falhas em custos de qualidade etc. Números que tornam a gestão possível.

De fato, saber gerir utilizando métricas é uma competência imprescindível. Sem dominar essa disciplina, o profissional pode ser convidado a sair por falta de interesse em melhorar. Com ela, o profissional de TI domina a complexidade crescente do seu trabalho, podendo assumir maiores responsabilidades.

Saiba o porquê

O matemático Timothy J. Pennings costumava levar o seu cachorro da raça welsh para passear no lago Michigan algumas vezes por semana[133]. Um dia observou algo interessante.

Quando arremessava a bola na areia, o cão seguia uma trajetória reta em direção à bola, como era de se esperar. Mas quando ele jogava a bola na água, o cachorro não seguia em direção à bola. Em vez disso, corria algum tempo na areia antes de nadar. A partir daí seguia em linha reta pela água até pegar a bola.

O matemático percebeu, para seu espanto, que o cachorro escolhia o caminho mais rápido, pois se fosse em direção à bola, gastaria muito tempo nadando. Por sua vez, se corresse o máximo na areia para depois nadar perderia um tempo precioso, pois já poderia se aproximar da bola nadando.

De alguma forma, o cão havia resolvido o problema de cálculo conhecido como "achar o caminho ótimo entre dois pontos com meios de diferentes velocidades". No caso, areia e água. O matemático realizou uma série de lançamentos diferentes com a bola comprovando que o cachorro intuitivamente sempre seguia o caminho de menor tempo.

Apesar do welsh ter feito escolhas ótimas, o cão não entendia de Cálculo I, sequer Aritmética básica. A sua habilidade era um daqueles exemplos surpreendentes de como a natureza encontra soluções ótimas para dar aos animais vantagens para sobreviver. Inúmeras histórias e experimentos demonstram que animais como lagostas, corvos, corujas, cachorros e até formigas têm algum tipo de habilidade matemática que lhes proporcionam mais velocidade, melhor decisão ou orientação.

Animais e seres humanos possuem habilidades matemáticas naturais

Utilizamos as nossas habilidades matemáticas – mesmo sem sermos matemáticos – ao dirigir, jogar futebol ou quando atravessamos uma rua movimentada. Todas as comparações, atitudes cotidianas e juízos que realizamos referem-se a operações aritméticas ou geométricas, embora, na maior parte não percebamos.

Essa percepção numérica faz com que possamos calcular tamanhos de grupos sem que de fato realizemos uma contagem. Podemos notar uma pequena mudança na quantidade de animais num rebanho ou estimar o tamanho do inimigo sem fazer um recenseamento. É muito mais fácil efetuarmos uma estimativa de algo do que realmente calcular o valor exato.

O cérebro usa a lei do menor esforço para resolver problemas

Henry Ford era irônico: "pensar é o trabalho mais difícil que existe; talvez por isso tão poucos se dediquem a ele". Pensar dá trabalho e consome recursos preciosos. É de se esperar que busquemos economizá-los. Foi isso que o matemático e linguista George Zipf descobriu ao examinar a distribuição de palavras nos grandes textos da Literatura: as pessoas tendem a comunicar-se de maneira eficiente usando o menor esforço possível.

Pesquisas com imagens indicam que o cérebro humano usa a "lei do menor esforço" para resolver problemas[138]. Os nossos cérebros minimizam a carga mental escolhendo estratégias que requerem menos trabalho. Isso não quer dizer que somos todos preguiçosos, apenas que o nosso cérebro busca sempre um atalho mais simples para resolver os problemas. A percepção numérica é uma das inúmeras funcionalidades que permite isso.

Apesar de nos proporcionar uma vantagem, essa facilidade cognitiva possui um risco embutido: proporcionar uma visão superficial ou errada do problema.

O nosso senso comum pode nos induzir ao erro

O nosso senso comum permite que nós avaliemos o tamanho dos nossos problemas, os riscos de falhas e até estimar a satisfação do usuário. Esse sentido de número direciona as nossas ações para resolver problemas e para melhorar o que já fazemos bem. Contudo, pode nos induzir a uma visão superficial de um problema, impedindo a sua resolução definitiva.

Problemas são resolvidos de maneira permanente quando utilizamos informação de boa qualidade. O senso comum só capta o que é visível para o profissional, o que entrou pela experiência imediata. Tome como exemplo as reclamações de clientes ou um Service Desk entupido de ligações. Está claro que algo precisa ser feito. Contudo, para saber exatamente o que fazer, é preciso entender os números escondidos na operação. Simplesmente aumentar a equipe pode não resolver o problema.

O economista e psicólogo, ganhador do prêmio Nobel, Daniel Kahneman[135] descreve inúmeras situações nas quais o senso comum nos coloca em encrencas: relações de causa e efeito inexistentes, fatos óbvios que ignoramos, vieses cognitivos etc.

O nosso senso comum calibrado pela experiência imediata nos põem em movimento, mas é arriscado depender apenas dele.

Medir, medir para quê?

Um analista de produção, responsável pela execução dos Jobs no mainframe, pode achar uma completa perda de tempo realizar medições detalhadas sobre a produção, pois elas irão apenas comprovar o que reclama há meses: revisar todos os processos *batches*. Contudo, revisar é muito vago para uma ação. Quais processos necessitam de revisão? Quais são os principais erros? Qual a frequência da falha? Está vinculado a algum tipo de dado ou cliente? Depende do volume?

Sem conhecer os grandes números do objeto de investigação não se pode planejar, priorizar, definir responsabilidades, explicar um problema, defender-se de perguntas capciosas, aprovar budgets, fazer o marketing de serviços, e o mais importante: manter o seu gestor feliz.

Mantenha o seu gestor bem informado

Quem executa pode achar um desperdício de tempo construir métricas para evidenciar aquilo que já é de seu conhecimento. O problema é que o seu gestor pode discordar. Aliás, ele deveria, pois, um dos enigmas da gestão é como manter a visão do todo sem perder o contato com a realidade.

Edwards Deming resolveu esse problema quando popularizou a qualidade e a gestão baseadas em medições. O conceito não era novo. Após a segunda guerra mundial, a Ford Motor Company foi uma das pioneiras a usar a gestão baseada em dados[139]. Mas foi Deming que introduziu o conceito de qualidade, inovação, empowerment e a necessidade da existência de medições para suportar a gestão em si. É dele a frase: "o que não pode ser medido não pode ser gerenciado".

O seu gestor sabe disso. O risco é ele concluir que você não gerencia nada, apenas executa a esmo. Sem dados sobre o que você faz, a sua opinião é apenas uma opinião. Não é fato. É por isso que a gestão baseada em indicadores é às vezes chamada de gestão baseada em fatos. O seu gestor quer sua opinião, mas precisa ter certeza que ela é embasada em fatos.

Ser capaz de medir o que você faz e acompanhar (no jargão de qualidade, monitorar) é uma competência técnica imprescindível para qualquer profissional de TI, mesmo que ele gerencie somente a si próprio. Existe uma cobrança cada vez maior pela construção e adoção de indicadores na TI.

Sabe-se que o contato recorrente com números e o desenvolvimento de modelos matemáticos estimula a percepção numérica, que por sua vez dá mais significado aos números. A repetição desse processo desenvolve uma espécie de circuito dos números no cérebro[134], criando uma maior visão sistêmica acerca do seu trabalho.

Como quase tudo é registrado em bancos de dados ou arquivos, os números que representam a TI ficam nas trilhas de discos aguardando que alguém seja capaz de convertê-los em números que tenham utilidade. É essa utilidade que inicia o processo de gestão da TI. Aquele que faz com que você decifre o trabalho da TI e consiga deixar o seu gestor mais feliz.

Se o trabalho na TI fosse uma esfinge, ela falaria: decifra-me ou devoro-te. O trabalho na TI é arriscado, complexo e cheio de novidade. Se você não o decifra, ele vai te devorar.

Capítulo 12

Por que as pessoas são demitidas?

Conclusão

As pessoas são contratadas pelas suas habilidades técnicas, mas são demitidas pelos seus comportamentos. Excelentes técnicos são demitidos porque possuem dificuldade de se relacionar ou influenciar para fazer as coisas acontecerem; alguns profissionais brigam com os seus gestores ou assediam a sua equipe;

outros, se encrustam em ostras técnicas, não se atualizam e só saem de lá pela porta do RH.

De fato, muito antes da demissão, ocorrem sinais do seu gestor, da empresa ou do mercado que algo vai mudar. Às vezes o que precisa mudar é você e não a empresa. Outras vezes, o seu perfil não bate com a cultura da empresa.

As pessoas são contratadas pelas competências técnicas, mas são demitidas porque escolheram a empresa errada para trabalhar.

Saiba o porquê

Em 1985, Steve Jobs foi demitido da Apple devido as divergências com o CEO, que ele mesmo havia contratado. Após o fracasso nas vendas do novo Mac, Steve sugeriu a redução nos preços. O CEO não concordou. O Board não concordou e ele acabou sendo desligado da própria empresa. Talvez se ele tivesse conduzido o problema de outra forma e escutado o seu colega, ele teria ficado na Apple. Anos depois, o Steve Jobs voltou para a empresa. O resto da história já conhecemos.

No mercado de TI, existem profissionais que foram desligados e acabaram voltando para a mesma empresa. O que leva a algumas perguntas: o profissional melhorou entre a demissão e a nova contratação? A empresa mudou de ideia? As pessoas mudaram? Por que a mesma pessoa possui desempenhos diferentes em empresas diferentes?

As pessoas são contratadas pelas suas habilidades técnicas, mas são demitidas pelos seus comportamentos

Essa frase do guru Peter Drucker é sacramentada por várias pesquisas[124]: nove em cada dez demissões são causadas por problemas comportamentais. Excelentes técnicos são demitidos porque possuem dificuldade de se relacionar ou influenciar para fazer as coisas acontecerem; alguns profissionais brigam com os seus gestores ou assediam moralmente a sua equipe; outros, se encrustam em ostras técnicas, não se atualizam e só saem de lá pela porta do RH.

Isso não quer dizer que todas as demissões sejam justas, imparciais, no sentido de conformidade com a justiça. Aliás, não podemos sequer dizer que gestores tomam decisões justas, pois no espaço privado da empresa, as partes não são iguais entre si e, portanto, surgem regras derivadas dos laços de amizade, e dos próprios valores do gestor. De todas as formas, sempre existe algo que o demissionário poderia ter feito para ter se dado melhor com o seu gestor ou com os seus colegas.

O restante das demissões (cerca de 10%) são devido à falta de competências técnicas ou fatores externos tais como fusões, aquisições, reestruturações, obsolescência da tecnologia, automações ou projetos de *Outsourcing*. O que também não implica que o demissionário não poderia ter feito nada a esse respeito.

Profissionais de TI são demitidos porque não percebem os sinais da mudança

Um dos maiores riscos de um profissional de TI é se encrustar numa área técnica, aprofundar-se e só sair quando houver uma mudança. Quando a mudança acontece, o profissional é "pego de surpresa" pela fusão da empresa ou pelo fim da sua função.

De fato, é quase certo que os sinais da mudança estejam ali no mercado ou na empresa. Uma notícia sobre o baixo desempenho do segmento; projetos são cancelados; fornecedores de *Outsourcing* fazem reuniões na calada da noite. Outros sinais vêm diretamente do seu gestor. Parte das suas atribuições é transferida para outra pessoa, você é excluído das decisões importantes e as reuniões individuais rareiam. Você começa a levar a sério a rádio-peão.

Aliás, o termo surgiu do movimento operário da década de 70 que precisava de um canal de comunicação para os trabalhadores paulistas. Com o tempo, a rádio-peão passou a ser usada para designar a troca de informação que acontece nos bastidores das empresas.

Segundo pesquisa da *Mercer*, 41% das pessoas acham a rádio-peão uma fonte importante de informação[125]. Isso é verdade, contanto que você saiba filtrar a fofoca dos indícios da mudança ou como diz o brilhante matemático *Nate Silver*[126]: "separar o sinal do ruído".

De posse de um sinal sem ruído e, de preferência, confirmado por outras fontes, é necessário fazer algo a respeito e urgente!

Profissionais de TI são demitidos porque não agiram diante dos sinais de mudança

Detectar sinais da mudança e agir. Tudo isso parece uma declaração do óbvio. Parece senso comum. Perceber que algo pode impactar o seu trabalho, então agir antes que seja tarde demais. Parece fácil, mas normalmente, há pouco tempo de reação entre o sinal que a casa vai cair e procurar um novo emprego.

É por essa razão que faz tanto sentido manter o seu *networking* aquecido enquanto empregado. Isso pode até melhorar o seu desempenho. Pelas redes sociais, pode-se resolver problemas, desenvolver competências, conseguir fornecedores novos ou até fechar negócios. Assim, quando o bicho pegar, as pessoas se lembrarão de você.

De fato, é quase certo que haverá uma mudança grande na sua empresa nos próximos anos. Se a sua empresa for de tecnologia, a mudança é certa.

Fontes distintas apontam um crescimento do número de fusões e aquisições no Brasil, especialmente no setor de TI. São

Capítulo 12 - Por que as pessoas são demitidas? — 95

poucas as empresas que não sofreram alguma reestruturação nos últimos anos com o objetivo de reduzir custos ou ganhar competitividade.

Por sua vez, os departamentos de TI estão sempre mudando. Cada novo gestor imprime o seu estilo e aproveita a oportunidade para mudar a estrutura. Funções novas são criadas. Funções velhas viram papéis, aumentando a carga de trabalho. Departamentos são terceirizados. Terceirizações são internalizadas. Tudo muda.

A sua empresa foi vendida e no dia seguinte à venda, o novo CEO declara como considera as pessoas o maior patrimônio da empresa, enquanto guardava a lista de demissões no bolso direito. Seis meses depois começa uma sequência inevitável de demissões e reestruturações. Pensando sobre o que aconteceu, você conclui que a venda era bem provável.

De fato, ninguém precisa realmente esperar que o fato se consuma para agir. Se existe um estudo para substituir a plataforma baixa pela alta, comece a estudar mainframe. Se a linguagem de programação da baixa está se esgotando, comece a pesquisar o que os concorrentes utilizam. Se as pessoas começam a reclamar de você, é hora de mudar.

Profissionais de TI são demitidos porque não mudam de comportamento

O comportamento é a forma como interagimos com o nosso ambiente. Nas empresas é a forma que nos relacionamos com os colegas, lidamos com conflitos, conduzimos os problemas ou reagimos às mudanças. É o modo de agir que determina a nossa empregabilidade.

"Maus comportamentos" são punidos pela empresa. "Bons comportamentos" são recompensados pela meritocracia (pelo menos deveriam). O *Compliance* determina principalmente o que você não pode fazer: os maus comportamentos. Comportamentos antiéticos, assédios morais e racismo são objetos do *Compliance*, que convidará o profissional a ter esse comportamento na rua. No espaço daquilo que você pode fazer, quem manda é uma senhora obscura: a cultura corporativa.

Para o psicólogo Edgar Schein, que batizou a expressão "cultura corporativa", ela tem caráter. Por essa razão, às vezes nos identificamos com uma empresa, "essa empresa é a minha cara", e outras vezes não, "foi um inferno trabalhar naquele lugarzinho".

Existem empresas que são totalmente focadas no resultado; outras são focadas no desenvolvimento de pessoas. Existem empresas que toleram grosserias e assédio no ambiente de trabalho (apesar de negarem); outras possuem tolerância zero. É por essa razão que um profissional pode ter desempenhos diferentes em empresas diferentes. Eles não desempenham bem porque entram em rota de colisão com o jeito de ser e agir da empresa.

Profissionais de TI são demitidos porque escolheram a empresa errada para trabalhar

Existe na Tanzânia uma tribo cuja cultura milenar possui um estilo de vida parecido com os nossos ancestrais. O escritor americano *Richard Leider* foi surpreendido por um questionamento ao entrevistar um ancião hazda: "quais são os dois momentos mais importantes da vida?", perguntou o ancião de 98 anos. O escritor respondeu que era o momento que você nasce e o momento que você morre. Indignado, o sábio respondeu: "o primeiro momento você acertou, é quando nascemos. O segundo momento é quando você descobre por que nasceu"[127].

Da mesma forma que você precisa conhecer o seu papel para se inserir numa cultura, você precisa conhecer a si mesmo para se realizar, fazendo o que você gosta numa empresa que parece com

Capítulo 12 - Por que as pessoas são demitidas? — 97

você. É a sua personalidade que determina o seu comportamento, e, portanto, o seu sucesso ou fracasso.

Profissionais com alta conformidade a regras terão dificuldade num ambiente que exige criatividade, informalidade e mudança como na gestão de e-commerce. Mas são perfeitos em funções onde haja regras claras e os detalhistas sejam valorizados tal como numa área de operações de TI. Quando somos obrigados a mudar muito um aspecto da nossa personalidade gastamos muita energia[127]. A possibilidade de sucesso é muito maior em funções que aderem a nosso modo de ser.

Seria injusto responsabilizar todos os profissionais que foram desligados por problemas de comportamento. Algumas empresas são realmente difíceis de trabalhar. Por fora, são empresas exemplares com missão, valores e visão que faz chorar. Por dentro, são empresas que cultivam o conflito e os jogos territoriais. Nem todo mundo, tem sangue de barata para sobreviver num ambiente assim.

Outras empresas são boazinhas e lentas demais para o estilo agressivo do profissional. Mais cedo ou mais tarde ele baterá de frente com alguém que representa as regras ocultas da empresa, e terá que sair.

Da mesma forma que o RH busca referências para conhecer a parte oculta do seu currículo, o profissional de TI deve procurar ouvir as pessoas que já trabalharam na empresa. Pois as pessoas são contratadas pelas competências técnicas, mas são demitidas porque escolheram a empresa errada para trabalhar.

Capítulo 13

Por que gostamos do que fazemos e odiamos o nosso trabalho na TI?

O ÓCIO, O CHEFE E O ENGOLIDOR DE SAPOS

Conclusão

O trabalho na TI é complexo, arriscado e cheio de novidades.

100 — Por que trabalhar na TI?

A sua natureza garante por si só um estresse contínuo no ambiente de trabalho. Pressão que se soma a grosseria e a falta de civilidade de chefes e colegas, levando ao trabalho alienado e de baixo engajamento.

Infelizmente, profissionais grosseiros e que assediam são ainda tolerados em algumas empresas, contanto que os números sejam bons.

Como não é possível corrigir o comportamento de todos, saber engolir sapos é provavelmente a maior competência comportamental.

Saiba o porquê

Um executivo de TI era conhecido pela maneira como tratava a sua equipe e os seus clientes internos. A maledicência constante, as pequenas humilhações diárias e a completa falta de consideração pela opinião alheia minaram a sua credibilidade. Com o tempo, as pessoas começaram a isolá-lo, pois ninguém queria levar um coice desnecessariamente. A sua grosseria carimbou o seu passaporte de saída da empresa.

As empresas estão cada vez menos tolerantes a desvios de comportamento

Campanhas de clima, canais de comunicação internos e ações contra o assédio moral demonstram que as pessoas estão cada vez menos tolerantes ao assédio moral. Contudo, muitos atos que são considerados grosserias ou falta de educação não são classificados como assédio. Falar mal dos outros pelas costas, escalar uma decisão sem explicações ou ignorar as pessoas são faltas de civilidade que tem um peso grande no ambiente de trabalho[84].

Capítulo 13 - Por que gostamos do que fazemos e... — 101

Se o seu chefe não considera a sua opinião durante a reunião semanal, ele está assediando ou apenas sendo grosseiro? Não custava nada ter alinhado antes de mudar o procedimento de instalação. Ou ao menos fingir que considerava a sua opinião. Dessa forma, você teria tido uma saída honrosa sem fazer papel de bobo na frente de seus colegas.

Ignorar a opinião de um especialista, minar a credibilidade ou desautorizar um profissional por e-mail são pequenas demonstrações de forças desnecessárias. Às vezes esses atos fazem parte de um jogo territorial. Outras vezes são simples falta de educação, de cortesia. A ausência do hábito de transferir a etiqueta da mesa para o trabalho.

Nem todas as grosserias que acontecem no ambiente de TI são classificadas como assédio moral

Apesar de uma grosseria no trabalho não ser considerada por si só assédio ou alguma forma de violência, ela pode facilmente originar um desses[84]. Deixe os clientes ou o seu chefe agredir sem nenhuma reação da sua parte. Com o tempo, testarão o seu limite até que grosserias virem assédio moral.

Além do risco da escalada, a falta de cortesia no ambiente eleva desnecessariamente o estresse e faz com que os funcionários se digladiem, drenando toda produtividade e criatividade da equipe.

De fato, após um aborrecimento com o seu gestor: 28% dos profissionais perdem tempo no trabalho evitando o agressor; 53% perdem tempo preocupando-se com o que aconteceu e futuras interações; 37% acreditam que o seu comprometimento com a empresa foi reduzido; 22% reduzem o esforço no trabalho; 10% reduzem o tempo que passam no trabalho; 46% pensam em trocar de emprego; 12% trocam efetivamente de emprego para evitar o gestor[85].

Com efeito, atos de grosserias dos chefes reduzem a produtividade, mas não são exclusivos desses. Clientes internos insatisfeitos com os gargalos de TI não economizam na grosseria; colegas culpam de maneira ríspida a área vizinha pelos seus problemas; pares usam a falta de conhecimento do colega para desmoralizá-lo publicamente; profissionais dão uma patada na menor divergência de opinião e falam mal dos que estão ausentes. A soma desses pequenos eventos impacta o desempenho da TI.

A presença ou ausência de grosserias impacta diretamente o resultado da TI

Grosserias podem ser tão sutis quanto não considerar a opinião do especialista em redes no diagnóstico de um problema. Como argumenta o Paulo Gaudêncio: "tratar as pessoas como coisas faz com que elas apenas participem, sem se comprometerem".

O chefe coisifica a sua equipe quando não respeita a opinião e o trabalho de ninguém. Pessoas que não têm o trabalho respeitado não se comprometem. O resultado disso é o trabalho alienado. Que leva a falta de engajamento e a baixa produtividade. De fato, líderes mal-educados somente conseguem ter obediência cega da sua equipe e gerar profissionais apáticos. Não engajam ninguém. Se alguém parece engajado é porque precisa muito do trabalho.

Mas não só a produtividade é impactada. Artigo publicado no *British Medical Journal*[86] relaciona a grosseira no trabalho com erros de execução. Profissionais em atividades de alto risco estão mais propensos a falhar quando expostos a grosserias no ambiente de trabalho. Extrapolando sem medo para TI: a falta de educação e cortesia no ambiente de trabalho aumentam o risco operacional.

Grosserias no trabalho aumentam o risco operacional

Um clima de trabalho ruim leva a um ambiente de estresse contínuo. As pessoas que estão sob estresse são menos sociais porque veem todos como inimigos[84]. Isso aumenta a quantidade de conflitos no trabalho, gerando um custo adicional de gestão. Os executivos gastam em média um décimo do seu tempo resolvendo conflitos entre os seus diretos[87].

Mas os custos não param por aí. Após uma série de agressões alguns profissionais de TI são obrigados a afastar-se do trabalho por doenças de distúrbios de ansiedade. Ações trabalhistas contra a empresa podem custar milhares de reais em advogados e indenizações. Wiston Churchill costumava dizer: "quando se tem de matar um homem, não custa nada ser educado".

De fato, não custa nada ser educado, mas é possível imaginar diversas situações nas quais o custo para realizar algo é maior para os grosseiros. A grosseria é um ato não econômico.

Grosserias no trabalho aumentam o custo

Um executivo de TI que dá patada em todo mundo fecha os canais de comunicação com os seus pares, dificultando a organização de iniciativas entre as áreas. Assim, eleva sem perceber o custo para organizar uma nova transação com a TI.

As áreas de negócio terão mais dificuldade em organizar novos projetos ou resolver problemas se receberem um "não" mal-educado toda vez que interagirem com o gestor dos recursos.

De fato, muitos profissionais sequer percebem que são mal-educados. Para eles, a falta de cortesia virou um hábito no trabalho. Alguns tecnólogos maltratados, no começo de carreira, tratam mal os seus colaboradores quando em posição de chefia, reiniciando o ciclo de incivilidade e estresse.

A carga excessiva e o estresse na TI causam problemas de comportamento

O trabalho excessivo é também uma das fontes do desvio de comportamento dentro das empresas[84]. Em TI, trabalhar muito é regra. Portanto, qualquer profissional está sujeito a um ambiente no qual as pessoas extravasam o estresse através do relacionamento com subordinados, pares ou colegas.

Grosseria em nome da eficiência. É isso que você faz quando interrompe alguém ou corta o raciocínio do seu colega em nome da objetividade. Na verdade, a principal característica da pessoa bem-educada é a paciência. Característica de quem escuta as opiniões dos outros mesmo que já tenha decidido o que fazer. Hábito de esperar com calma pelo momento ideal de falar e ser assertivo.

Qualidade posta a prova diariamente pelos inúmeros e-mails que você é obrigado a responder ou pelas repetidas interrupções do seu gestor e clientes. Lidar com tudo isso, exigem técnicas que não devem incluir um cardápio de grosserias.

Apesar das evidências em contrário, muitas empresas fecham os olhos diante dos gestores que agridem os funcionários, contanto que os resultados sejam bons. Esses gestores, conhecidos no mercado como "chefes", conseguem resultados sendo grosseiros e desprezando o trabalho da sua equipe. Chefes são gentis com superiores, mas mal-educados com a sua equipe.

Muitas empresas toleram a falta de educação no trabalho enquanto o colaborador obtiver resultados

Pesquisa realizada aponta que 89% das pessoas afirmam que a grosseria é um problema sério, mas 99% afirmam que não são grosseiras[83]. Essa pesquisa reflete o que observamos no trabalho: as pessoas reclamam da falta de educação dos outros e tratam mal a sua equipe e colegas. Às vezes as pessoas são grosseiras, mas não percebem que são. Não responder a um e-mail de um colega por achar irrelevante é uma descortesia frequente. Se não é possível atendê-lo, não custa agradecer ou explicar porque não irá fazê-lo. Poderá custar muito mais no futuro se ele for promovido.

Outro exemplo de grosseria é reclamar da falta de conhecimento dos menos experientes. É o conhecido "se você não sabe, já deveria estar sabendo!". Como argumenta muito bem Cortella[88]: "Gente não nasce pronta e vai se gastando; gente nasce não-pronta, e vai se fazendo". Um programador Java espera que a empresa proporcione treinamento e oportunidades de melhorar o seu conhecimento nessa linguagem. Portanto, ele e o seu gestor são ambos responsáveis por uma eventual falta de conhecimento em determinada área.

As pessoas confundem também ser grosseiro com ser agressivo. A grosseria é o resultado da falta de educação. A agressividade é a característica de quem é voltado para o ataque. Segundo o Paulo Gaudêncio, ela nos mobiliza. A agressividade é, portanto, necessária para aqueles profissionais que são agentes de mudança.

Com frequência, os mal-educados e os agressivos habitam o mesmo cérebro. Dessa forma, a grosseria é usada como arma para atingir objetivos. Mas é possível ser agressivo e educado ao mesmo tempo. Podemos questionar e invadir o território alheio com classe e educação ou questionar o método de trabalho da área ao lado sem ser mal-educado. Aliás, as pessoas se sentem muito mais intimidadas com um agressor frio e educado do que um louco que esbraveja sempre que há um conflito.

O trabalho sem prazer só não é escravidão porque você é pago por ele

A cortesia não tem contraindicação. É através dela que damos um *feedback* de forma positiva; cobramos o fornecedor de forma contundente mas bem-educada; ganhamos uma argumentação sem minar a credibilidade do adversário; e transformamos um erro honesto numa oportunidade de melhorar o colega. É por meio dela que envolvemos todos e fazemos as pessoas se comprometerem. A gentiliza é uma qualidade que pode ser desenvolvida.

Contudo, nem todo mundo pensa assim. Chefes fazem piadas sem graça sobre as falhas da sua equipe e dão sermão publicamente; gestores tratam os seus fornecedores como não gostariam de ser tratados pelos seus clientes; gestores de projeto cobram entregas de forma grosseira. Todos contribuem para fazer o ambiente virar "trabalho".

O supervisor de produção de um banco gosta muito do que faz, mas detesta as reuniões semanais nas quais o seu chefe ressalta publicamente as suas falhas. Um arquiteto de banco de dados odeia quando o cliente interno cobra de maneira mal-educada correções na estrutura do banco. É por isso que muitos profissionais de TI gostam do que fazem, mas detestam o seu trabalho. Eles dizem que odeiam trabalhar, mas o que detestam mesmo são os colegas e chefes mal-educados. Trabalho sem prazer só não é escravidão porque você é pago por ele.

Capítulo 14

Por que a maioria dos Planejamentos Estratégicos de TI é para inglês ver?

Conclusão

Planejamentos de TI para inglês ver, objetivos que parecem biruta de avião e a falta de alinhamento da própria TI com a equipe técnica são histórias reais e recorrentes de processos de planejamento.

Objetivos claros e específicos do lado do negócio não garantem uma boa estratégia de TI. Sem uma rotina para desenvolvê-la, não haverá tempo hábil para pensar na melhor arquitetura e viabilizá-la em múltiplos projetos. Sem um processo ao longo do ano, o planejamento torna-se uma mera formalidade e acaba não acontecendo.

Esse é o grande papel do CIO: o de líder de uma equipe de profissionais capazes de continuamente arquitetar capacidades. Com isso conseguirá atender às demandas crescentes do negócio e criar oportunidades para os profissionais mais valiosos da TI, aqueles usualmente escondidos no calabouço do datacenter.

Saiba o porquê

O Diretor de Tecnologia agendou uma reunião para apresentar o planejamento estratégico do próximo ano. Após a apresentação detalhada de 45 slides, o assunto voltou a ser discutido somente um ano depois.

Em outra empresa, o gerente geral de TI criou uma força tarefa para orçar detalhadamente todas as iniciativas para o próximo ano. O coordenador de suporte a servidores passou vários finais de semana trabalhando. Dois meses depois, a diretoria alterou os seus objetivos, invalidando todo o trabalho realizado.

O novo CIO havia sido contratado para organizar a diretoria após a demissão do seu principal executivo. Durante a elaboração da Estratégia de TI, percebeu que os objetivos do negócio eram muitos genéricos. Mesmo assim seguiu em frente. A TI e os seus clientes internos passaram o ano inteiro digladiando-se por conta das demandas. Ao final, as áreas técnicas foram responsabilizadas por criar requisitos técnicos "descolados" das necessidades da empresa.

Capítulo 14 - Por que a maioria dos Planejamentos... — 109

A maioria dos Planejamentos Estratégicos de TI é para inglês ver

Em 1831, Dom Pedro II promulgou uma lei que declarava livre qualquer africano que desembarcasse em portos brasileiros. Essa lei foi feita exclusivamente para agradar os ingleses, os grandes parceiros comerciais da época. A lei salvou as aparências do imperador, mas nunca pegou. O que pegou foi a expressão. Muitos planejamentos estratégicos da TI são para inglês ver, pois não pegam, não têm andamento. São meras formalidades e resultam de processos com baixa maturidade. Com efeito, simulações de ambas as partes são um dos grandes motivos da falta de alinhamento com o negócio[102].

Pesquisa realizada pela Booz & Company, com 2800 executivos, revelou que 64% das empresas têm conflitos de prioridades e 49% reportam que a empresa nem sequer possui uma lista de prioridades[113]. Ou seja, cerca de metade dos Planejamentos Estratégicos de TI nascem sem um direcionamento claro do alto escalão.

Metade dos Planejamentos Estratégicos de TI nasce sem direcionamento claro do negócio

Sem um direcionamento claro do negócio, o planejamento fica sem consistência e os projetos de novos produtos, canais e melhorias para a operação não são aprovados. A TI torna-se uma tiradora de pedido e passa a maior parte do tempo melhorando a operação.

Mesmo empresas que possuem um planejamento estratégico bem elaborado, com objetivos claros e específicos, não são suficientes para determinar completamente a definição das iniciativas de TI. Tome como exemplo a definição da melhor arquitetura de internet e segurança. Indiretamente, a solução é resultado da demanda do negócio por um canal robusto de internet, mas não possui direcionamento de como fazê-lo. De fato, é aí que a TI entra.

Como revela pesquisa realizada por Ross[16]: "a estratégia de uma empresa raramente oferece uma direção clara para o desenvolvimento de capacidades estáveis para a infraestrutura de TI e os processos de negócio". Ou seja, trabalhar unicamente a partir de um "cipoal de demandas", quando elas existem, é entregar *somente* soluções específicas para os clientes ao invés de capacidades (soluções reutilizáveis). A consequência disso é o conhecido gargalo de TI e o seus sintomas: atrasos, replanejamentos e rupturas na estrutura da TI.

A Estratégia do negócio raramente oferece uma direção clara para o desenvolvimento de capacidades

Pense no esforço de desenhar e planejar uma solução robusta, escalável e estável do novo e-commerce. Dificilmente, você conseguirá desenhar a solução durante o processo de budget. Isso é trabalho contínuo da área de arquitetura com as demais áreas técnicas.

Soluções de TI que sejam reutilizáveis (capacidades) é trabalho permanente, é processo. Portanto, somente funciona se alguém passar o ano inteiro pensando nelas. Dessa forma, quando o negócio definir o que precisa, haverá sempre uma capacidade disponível, em desenvolvimento ou plano detalhado.

Garantir que isso aconteça define o principal papel do CIO: o articulador da Estratégia de TI. O executivo mais sênior da TI abre espaço na agenda da equipe para que saiam do ciclo vicioso de tirar pedidos para pensar em como desenvolver capacidades que atendam múltiplas estratégias.

O desenvolvimento de capacidades cria demanda para profissionais que conheçam a operação a fundo, dominem a tecnologia e transitem facilmente pela empresa.

A elaboração da Estratégia de TI é uma grande oportunidade para os arquitetos

Profissionais experientes que não desejam seguir uma carreira gerencial tem uma grande oportunidade de crescer como especialistas ou arquitetos. São esses profissionais que apoiarão o CIO na elaboração da Estratégia de TI a partir dos objetivos da empresa.

Michael Porter, o guru da Estratégia Competitiva, repete há duas décadas o mantra: "a essência da Estratégia é escolher e executar atividades diferentes da concorrência que entreguem uma combinação única de valor"[111]. Ou seja, quanto mais complexo e sistemicamente forem essas atividades, maior é a possibilidade da empresa sustentar a sua posição.

Como quase não há atividade dentro de uma empresa que não dependa de TI, essa é uma oportunidade de ouro para os profissionais que consigam propor mudanças na infraestrutura para criar atividades novas para o negócio. Por essa razão, os grandes articuladores de estratégias são bons líderes porque executam através dos grandes especialistas de tecnologia.

Os especialistas em tecnologia desenvolvem as capacidades de TI, e não os executivos

O papel do negócio é definir as atividades que criarão uma diferenciação sustentável para a empresa, mas cabe a TI (assim como as demais áreas) desenvolver as capacidades para que a empresa possa executá-las.

Se você entra numa reunião com a área de vendas sem uma proposta, você sairá da reunião sem propostas. A área de TI pode perguntar ao negócio o que espera da TI. Mas o negócio pode responder que não sabe, porque desconhece o que a TI pode fazer. Portanto, a TI deve ser capaz de dizer o que pode fazer: "podemos duplicar a nossa capacidade de processamento em uma semana" ou "com o novo web services, a implantação cairá para um dia".

São os analistas, desenvolvedores, arquitetos, engenheiros, *DBAs*, especialistas de redes, *middleware*, servidores, SO, *storages*, telecom, telefonia, segurança etc., que conhecem a fundo as capacidades da TI. São eles ou elas que fazem a diferença na hora de selecionar as tecnologias, desenhar soluções, desenvolver, integrar e implantar. São eles ou elas que se relacionam diariamente com os profissionais técnicos das outras áreas e, portanto, conhecem os problemas e as lacunas dos serviços de TI. São esses profissionais que arquitetam a estratégia da TI.

O CIO articula a estratégia que os especialistas arquitetam

É a área técnica que gerencia o datacenter, opera, desenvolve, testa, muda o ambiente, implanta software, resolve problemas e cumpre requisições de serviços. São os técnicos que dominam a tecnologia e controlam a informação. Sem o engajamento deles não há projetos que geram capacidades para o CIO articular.

Estratégias de TI sem o alinhamento com o negócio são tão ruins quanto estratégias sem o alinhamento com a área técnica. A primeira descola a TI do negócio. A segunda desvincula a promessa feita com a capacidade de execução, produzindo falhas na entrega de projetos e serviços.

Como desenvolver as capacidades técnicas não é tarefa que possa ser executada entre o processo de elaboração de budget de outubro e sua aprovação em dezembro, a única alternativa para a TI é tornar o desenvolvimento de capacidades uma rotina.

O Planejamento Estratégico de TI só funciona se a TI planejar e desenvolver capacidades ao longo do ano

Objetivos claros e específicos do lado do negócio não garantem uma boa estratégia de TI. Sem uma rotina para desenvolvê-la, não haverá tempo hábil para pensar na melhor arquitetura e viabilizá-la em múltiplos projetos. Sem um processo ao longo do ano, o planejamento torna-se uma mera formalidade e acaba não acontecendo.

Aliás, existe uma dificuldade crônica do CIO de escapar dos problemas do dia a dia para articular a estratégia de TI. É comum deixar para a última hora, ou melhor, para o processo de elaboração do orçamento, a justificativa das iniciativas.

Se um CIO tiver a opção de escolher entre elaborar um planejamento estratégico de TI ou arrancar um siso, provavelmente optará pelo segundo. A elaboração de uma estratégia de TI é um processo doloroso, custoso e uma fonte de atrito com o negócio. Mas sem ele, o CIO e o resto da equipe chafurdam nas demandas do negócio.

Por sua vez, o executivo sênior de TI que consegue desenvolver um plano bem fundamentado que explique como a TI vai desenvolver as suas capacidades e atender às demandas, não só estabelece uma relação de confiança forte com o negócio, mas também cria oportunidades para os profissionais mais valiosos da empresa.

De fato, essa rotina pode tornar-se a parte mais interessante do trabalho na TI, na qual todos podem ter a oportunidade de contribuir para desenvolver capacidades técnicas, influenciar o planejamento da empresa e participar de projetos valiosos.

Isso é estratégico e divertido. Razão pela qual o planejamento estratégico de TI não se parece em nada com extrações de sisos. Sisos não são nada divertidos.

Capítulo 15

Por que as melhores práticas recomendam, mas não explicam como a TI funciona?

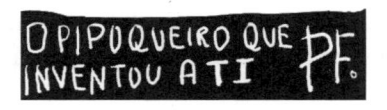

O PIPOQUEIRO QUE INVENTOU A TI PF.

Conclusão

A experiência de trabalho demonstra que as melhores práticas representam como a TI deveria funcionar, mas não explicam como o trabalho na TI realmente funciona.

116 — Por que trabalhar na TI?

Existe uma série de problemas, que soluções exclusivamente técnicas não são suficientes para resolvê-los. Lidar com trapaças dos clientes e a desinformação de fornecedores são bons exemplos de situações determinadas pelo comportamento das pessoas.

A economia prevê a reação das pessoas diante de incentivos e ajuda a fundamentar várias práticas que assumimos como fatos, tais como a padronização da tecnologia, a gestão de mudanças, terceirização etc.

Quando os nossos gurus estiverem de férias e as melhores práticas não explicarem como a TI funciona, precisamos buscar modelos novos. Senão, ficamos repetitivos, raciocinando circularmente e presos às nossas próprias experiências.

Saiba o porquê

Um sistema de gestão de conhecimento implantado numa empresa não funcionou porque os usuários não colaboraram. A não ser por algumas aplicações departamentais, a iniciativa foi um fracasso total.

Um processamento batch falhou durante meses enquanto o analista de produção reportava problemas obscuros na infraestrutura. Quando o funcionário deixou a empresa descobriu-se que eram falhas operacionais.

Uma gerente de sistemas pressionava a gerência de problemas para esconder as suas falhas toda vez que havia um problema.

Um fornecedor de Outsourcing escondia informação sobre a operação para o cliente não perceber as suas falhas e não perder o contrato.

Histórias corriqueiras demonstram que as melhores práticas representam como a TI deveria funcionar, mas não dizem nada (ou pouco) sobre como o trabalho na TI realmente funciona.

Existe uma classe de problemas que não é resolvida unicamente por soluções técnicas

Problemas relacionados à conscientização, à colaboração ou ao comportamento oportunista não são resolvidos por meio de uma abordagem técnica. Aliás, esse tipo de problema sequer é resolvido, e sim conciliado, pois a sua essência nunca deixa de existir. Pense nas demandas que sempre superam a capacidade da TI ou no oportunismo do cliente, que sempre muda as regras durante o jogo. As melhores práticas da gestão de serviço e os conhecimentos de tecnologia não ajudam muito a lidar com situações determinadas pelo comportamento. É necessário pensar, a pessoa no trabalho, diria Kaplan[6].

Um gestor de TI replicaria dizendo que não há nada na TI que não seja feito sem considerar as pessoas. Mesmo questões puramente técnicas envolvem pessoas que precisam se capacitar, que erram e que se comunicam. Tecnologias não são implantadas ou rodam sozinhas (ou sem supervisão). Contudo, existem projetos e atividades cujos fatores críticos de sucesso são a capacidade de entender o comportamento das pessoas diante dessas situações. Sem o conhecimento de como as pessoas funcionam, o profissional de TI tem dificuldade de apertar os botões certos para resolver os problemas. Os economistas têm um principio para isso: "as pessoas reagem a incentivos".

As pessoas reagem a incentivos

Os especialistas são humanos e os seres humanos reagem a incentivos. Assim o tratamento que você vai receber de qualquer especialista depende de como os incentivos dele funcionam[70]. Tome como exemplo um especialista que direciona uma solução para uma tecnologia que deseja aprender. Ou o cliente que deseja impor um fornecedor a TI para ter o controle e o crédito pela iniciativa.

Os incentivos vêm em três sabores: econômico, moral e social. O econômico é aquele que dói no bolso; o moral é aquele que limita a ação a algo que esteja certo; o social é quando a pessoa não quer ser vista como alguém que faz algo errado.

O especialista que direciona uma solução por interesse está movido pelo incentivo econômico de qualificar-se mais para conseguir um emprego melhor. O custo moral de não fazer o certo não é grande o suficiente para não respeitar a arquitetura. Mas se perceber que corre o risco de ser repreendido pela área de arquitetura (custo social) pensará duas vezes em não seguir os padrões corporativos. Alguns incentivos funcionam melhor que outros.

Soluções que se baseiam apenas no apelo à consciência não funcionam

O apelo à consciência é um exemplo de incentivo moral: "devemos colaborar". Apelamos aos valores durante uma reunião com o diretor comercial.

Um mês após o diretor explicar o processo e catequizar a sua equipe, ele mesmo não segue as regras, fura a fila de demandas e prejudica um projeto que estava em andamento. A sua equipe segue o exemplo e adquire uma nova resiliência à proposta da TI.

Adaptando o argumento de Garret Hardin[67] sobre o apelo à consciência: "as pessoas são diferentes. Diante de um apelo para seguir um processo em benefício do grupo, algumas vão responder melhor do que outras".

A explicação é simples. Qualquer apelo à consciência possui dois tipos de comunicações: uma pretendida e outra não-intencional. A primeira diz "se você não fizer o que pedimos vamos condená-lo a um usuário que não segue regras e não colabora"; a segunda: "se você fizer o que pedimos, será ingênuo a ponto de ficar observando os demais usuários consumirem os recursos de TI".

Ao interpretar essa mensagem ambígua, alguns aderem imediatamente e começam a mudar com o tempo. Outros fingem que colaboram, mas depois burlam as regras, pois querem ser os primeiros a consumir os recursos. Assim, a TI se vê obrigada a pôr constantemente energia para fazer os seus processos funcionarem.

TI fica às vezes presa a um sistema ineficiente para manter os seus processos funcionando

Argumentos morais são tão eficazes como incentivos para você abraçar a causa de uma ONG desconhecida ou torcer por outro time. As pessoas mexem a cabeça para cima e para baixo para dizer *sim*, mas na prática se comportam como na Bulgária onde isso significa exatamente dizer *não*.

Incentivos morais mobilizam a empresa. Sem eles, nada começa, porque as pessoas não entendem a iniciativa como de todos, apenas da TI. Mesmo que as pessoas não valorizem o discurso, elas esperam que aconteçam. Contudo, esses incentivos dependem do quanto respeitamos as regras. Respeito que varia de pessoa para pessoa e, portanto, os seus efeitos tornam-se "voos de galinha" quando o cliente trapaceia.

Os gestores de projetos já aprenderam que incentivos morais não funcionam ao expor as pendências e os responsáveis nos *status report*. Isso gera um incentivo social (maior que o moral), pois ninguém deseja que outros saibam que você não seguiu as regras. As áreas de *Compliance*, Governança, Segurança e Auditoria também lançam mão desse expediente ao apontar desvios, falhas ou descumprimento de políticas. Os bons líderes também já fazem a sua parte quando reconhecem publicamente o trabalho de um profissional.

Incentivos morais ajudam porque geram mudança. Mas possuem uma baixa eficácia se a pílula não contiver outros incentivos que não dependam do respeito cego às regras. Os incentivos sociais são mais eficientes que os incentivos morais porque geram uma reação imediata das pessoas, mas requerem um volume considerável de energia e estresse para manter o sistema funcionando.

TI necessita criar incentivos econômicos para o consumo eficiente de seus serviços

Sabemos que os recursos da TI são escassos. Por outro lado, qualquer profissional sabe que os clientes internos comportam-se como se os recursos fossem gratuitos e infinitos.

O consumo de recursos da TI é um Problema de Propriedade Comum[22], no qual um conjunto de pessoas consome o mesmo recurso de forma não econômica quando não há incentivos suficientes. A água num condomínio é um exemplo de Propriedade Comum. Se o custo total for apenas rateado entre os moradores, não haverá incentivo para o uso econômico de cada morador, gerando uma situação de maior consumo.

O custeio da TI é o ponto de partida para o consumo eficiente de recursos

Sem medo de errar, a maioria das empresas não transfere os custos de serviços da TI para os centros de custos dos clientes. A empresa como instituição custeia a TI, que vira custo, pois não consegue atrelar as receitas das suas iniciativas às despesas com a TI.

Quando isso acontece não há um incentivo econômico para o uso eficiente dos recursos. Os *Service Desks* transformam-se numa corrida ao ouro na qual quem chegar primeiro tem a maior chance de conseguir os recursos da TI. Sem preços nos serviços, não há nada que limite a demanda.

Por sua vez, se o centro de custo do cliente for sensibilizado toda vez que solicitar um serviço ou um novo hardware, o cliente pensará duas vezes antes de estourar o seu orçamento. Tem-se aí a lei da demanda, quando o preço de um produto sobe e tudo se mantém constante, cai o número de quantidades compradas do produto.

Esse incentivo funciona bem para um catálogo de serviços bem desenhado e precificado, mas o que dizer de serviços que ainda não existem?

As demandas do negócio são sempre superiores à capacidade da TI

Um dos enigmas mais conhecidos é por que razão os clientes sempre demandam mais do que a capacidade da TI. De fato, como quase tudo numa empresa depende de tecnologia, é de se esperar que o negócio e a própria TI demandem mais projetos do que a sua capacidade de execução. Contudo, existe outro fator que não está diretamente relacionado a isso: a falta de informação sobre a capacidade da TI.

Em problemas de consumo de recursos comuns, quanto maior a incerteza acerca do recurso disponível, maior é a quantidade de demandas efetuada pelos clientes[68], ou seja, quando a TI não demonstra a sua capacidade de execução, ela incentiva os clientes a utilizarem a vantagem de serem os primeiros a demandar. Os clientes com receio de perderem a capacidade disponível ou por terem uma expectativa maior acerca dela, demandam em demasia para usufruir e pré-alocar os recursos da TI. Esse efeito conhecido como FMA (*First Mover Advantage)* obstrui a fila de demandas e gera solicitações duplicadas ou mal fundamentadas.

Quando a informação de capacidade existe, os clientes tendem a aceitar uma distribuição mais justa de recursos e ficam menos inclinados a trapacear. Fica, portanto, mais fácil gerenciar a alocação de recursos por meio de soluções estruturadas como comitês ou a divisão prévia dos recursos.

Alguns gestores desconhecem esse fundamento e chegam a utilizar a estratégia oposta com resultados desastrosos: esconder os recursos de TI e desinformar os clientes com o objetivo de melhor gerenciá-los. De fato, isso é uma característica dos monopólios que desinformam para reduzir a produção e aumentar o preço.

O departamento da Tecnologia da Informação funciona como um monopólio

Quando as pessoas falam da TI, normalmente, lembram-se do que não podem fazer e das aplicações que não podem acessar, das políticas inflexíveis e do tempo excessivo que tudo leva para ser feito. A TI é sempre vista como um "mal necessário", um prestador de serviços que você não pode mudar. Se a TI fosse um fornecedor externo, já teria sido substituída por um mais barato e com capacidade maior de execução.

Como qualquer outro departamento, a TI é um monopólio interno. Mas devido à dependência crescente em relação à tecnologia, os clientes internos se recordam muito mais do monopólio da TI do que Compras ou do RH.

"Os monopólios locais são bem comuns. Lembre-se dos pipoqueiros do cinema", diz Levitt[70]. Os cinéfilos conhecem bem o valor exorbitante pago pela pipoca do cinema e da sua política de pegar ou largar.

A TI funciona como um pipoqueiro. Ou você paga o que a TI quer ou fica sem a prestação do serviço. TI é um monopólio local dentro das empresas, pois determina quais serviços comercializa e impõe preços aos seus clientes internos. Como os monopólios controlam de fato a produção, eles tendem a operar num ponto que maximiza o lucro[66]. Esse ponto de operação possui um preço maior e uma produção menor quando comparado a um mercado competitivo.

Os clientes internos tendem a achar a TI cara e improdutiva

Apesar da TI não maximizar o seu lucro, ela se comporta como um monopólio ao minimizar o seu risco, pois reduz a sua produção e cobra um preço de monopólio. Para fazer isso, usa com frequência seu conhecimento de especialista contra o cliente, forçando soluções mais caras e de menor risco. O resultado disso é a imagem de uma área lenta para atender as demandas do negócio.

Ronald Coase já havia percebido há 80 anos que as firmas tendem a surgir quando os custos para organizar as transações internamente são menores que o mercado[71]. Um projeto de sistemas é um exemplo de transação. Portanto, os nossos clientes esperam que o esforço para organizar um projeto de sistema internamente seja menor do que solicitá-lo a um fornecedor.

Quando essa expectativa é frustrada, as áreas de negócio concluirão que a TI está grande demais para ser competitiva e optarão por alternativas externas para torná-la mais ágil e reduzir os custos.

O Outsourcing é visto como uma maneira de tornar a TI mais ágil e reduzir os seus custos

O *Outsourcing* seduz porque é uma maneira de agilizar a contratação de novos serviços e de reduzir os custos operacionais. É uma oportunidade de ouro para os CFOs porque o financeiro passa a ter um maior controle sobre as despesas da TI. Maior controle, menor despesa. Pelo menos, é esse o objetivo.

No entanto, levantamento realizado pela Compass Management[73,] em 240 grandes contratos de *Outsourcing* demonstrou que após o primeiro ano do contrato, as empresas de *Outsourcing* começam a elevar o preço e nos últimos anos os preços superam entre 30 e 45% os custos internos.

As causas desse aparente paradoxo são bem conhecidas: desconhecimento dos custos internos no início do projeto, má gestão do contrato, operação mal desenhada e demanda reprimida. O efeito combinado leva a uma situação de aprisionamento que o cliente tem que conviver até o término do relacionamento.

Esse cenário acontece com frequência e é causado pela própria TI, ao terceirizar pelos motivos errados.

A opção por terceirizar é um problema econômico

A escolha pela terceirização é um problema econômico, que não implica necessariamente uma redução de custo. Desafiando o senso comum, terceirizações são feitas para aumentar a facilidade de contratar serviços. Os economistas utilizam um termo ambíguo para isso: custo de transação.

O negócio conhece bem o custo de transação quando tem que especificar um sistema, solicitar um orçamento a TI, aprová-lo e aguardar a alocação de recursos. A partir daí é custo de desenvolvimento, é produção. Outro custo de transação bem conhecido é o esforço para aprovar uma mudança em produção. O solicitante tem que passar por um ritual de análise de riscos, documentação e aprovações. A execução em si é custo operacional.

As transações entre os departamentos são importantes porque determinam como a empresa é organizada. Diferenças em suas especificidades e incertezas operacionais favorecem a um ou outro arranjo organizacional, pois impactam o custo de transação.

Os custos de transação determinam a organização da TI

Transações que envolvem ativos específicos como softwares proprietários possuem um alto custo de governança que inviabiliza o *Outsourcing*, pois o fornecedor não consegue agregar várias demandas e criar escala. Tente contratar uma empresa para manter um sistema de mais de dez anos.

A incerteza é também um fator que determina se uma transação deveria acontecer dentro da firma ou no mercado. Quanto menor for a incerteza de uma transação, maior é a vontade de organizá-la fora da empresa. É mais fácil gerenciar a interface quando não há surpresas o tempo todo. Pense na baixa incerteza do *Service Desk*, no storage, na nuvem ou no gerenciamento de documentos via web.

As empresas de *Outsourcing* possuem uma plataforma de serviços compartilhados que atendem mais de um cliente, caso contrário não teriam escala. A contrapartida disso é a nunca bem explicada e bem conhecida dificuldade de resolver certos problemas específicos do cliente. O cliente percebe isso no dia a dia devido ao alto custo de transação. Por essa razão, serviços altamente especializados como *middleware*, arquitetura, DBAs ou segurança são normalmente internalizados.

A abordagem de custo de transação explica porque as melhores práticas recomendam terceirizar processos padronizados de TI: baixo custo de transação ou porque devemos internalizar a gestão do específico: alto custo de transação.

As melhores práticas recomendam, mas é a economia que explica como a TI funciona

Os filósofos perguntam-se: "por que existe algo ao invés do nada?". Os profissionais de TI perguntam-se: "por que existem as melhores práticas?". Por que existem métodos ou técnicas que consistentemente têm demonstrado resultado superior em relação a outras formas de executar a mesma tarefa?

Uma melhor prática é uma solução ótima de um problema. E como diz Abbagnano[15]: um problema é uma situação que inclua a possibilidade de uma alternativa. Os problemas de TI possuem normalmente múltiplas alternativas de solução. Algumas funcionam. Outras não. Aquelas que não funcionam possuem um alto custo de transação ou não levam em consideração os incentivos dos participantes. Portanto, a economia pode ser usada para explicar por que certas práticas funcionam, complementando a experiência do profissional de TI.

As melhores práticas representam a forma como o trabalho na TI deveria funcionar. A economia representa a forma como o trabalho realmente funciona. Ela permite criar uma visão sistêmica e estratégias diferenciadas, saindo do feijão com arroz dos cálculos de ROI. Com ela, você passa a explicar aos profissionais mais remunerados como a TI realmente funciona.

.

Capítulo 16

Por que contos de fadas e o trabalho na TI têm algo em comum?

O EXECUTIVO QUE FAZIA BOI DORMIR — PF.

Conclusão

A necessidade de lidar com situações de complexidade crescente faz com que o profissional de TI necessite desenvolver a competência de contar histórias. Histórias que explicam como ocorreu um problema na infraestrutura. Narrativas que expõe o status de um projeto ou constroem uma visão. Competência que alavanca a carreira.

Usamos essa habilidade para dar contexto a fatos abstratos, difíceis de serem transmitidos isoladamente. Isso melhora a nossa comunicação e passa uma imagem de profissional mais sênior.

Uma história verdadeira e coerente é mais eficaz que um status report, pois um filme funciona muito melhor que uma foto para transmitir uma ideia. A exceção a isso, são as histórias para boi dormir. Essas não são verdadeiras nem coerentes.

Saiba o porquê

Certa vez, uma unidade militar húngara em manobras nos Alpes não retornou após dois dias numa tempestade de neve. No terceiro dia, os soldados apareceram e explicaram: "estávamos perdidos e esperávamos pelo fim. Por sorte, um de nós achou um mapa em seu bolso. Isso nos acalmou. Com o mapa descobrimos onde estávamos e aqui estamos nós. O tenente, que havia despachado a unidade, pediu para verificar o famoso mapa que tinha salvado as nossas vidas. Deu uma olhada nele e descobriu para seu espanto que não era o mapa dos Alpes, mas do Pirineus"[131].

Essa história ilustra como é importante estar em movimento, um princípio por si só. Os soldados estimulados pelo mapa começaram a marchar. À medida que caminhavam, acumulavam-se as discrepâncias entre o mapa e a realidade. Assim, passaram cada vez mais a prestar atenção na experiência imediata até acharem o caminho de volta.

Alguns profissionais de TI ficam presos a uma rotina, acomodam-se e quando vem uma mudança esperam a tempestade passar. O tempo não melhora e viram um bode expiatório de algum problema. Outros estão sempre em movimento, fazem melhorias e se envolvem em projetos. São aqueles que têm maior empregabilidade e crescem na empresa, pois é muito difícil acertar um alvo em movimento.

Histórias são usadas para explicar conceitos

Histórias como a do mapa exemplificam mais facilmente conceitos abstratos, aqueles cujas explicações exigem muitos slides e cafés (no caso, a importância de se estar em movimento). Elas criam significado conectando *bullets points* desconexos e evitando palestras enfadonhas do seu gestor. Não é por acaso que todos os textos desse livro começam com uma boa história. Elas engajam o leitor emocionalmente.

Somos atraídos pelas histórias mesmo que tenhamos uma pressão grande no trabalho ou na nossa vida pessoal. Num ambiente de negócios, no qual distrações e a falta de confiança dominam, histórias servem como um atalho para capturar a atenção, engajar, influenciar, criar significado, dar exemplos de valores e criar confiança[132].

Bons contadores de histórias são bons comunicadores

O bom contador de histórias coleta e expõe fatos de forma coerente ao longo da linha do tempo, dando sentido a uma confusão de dados. Por essa razão, a mensagem fica mais clara. Bons contadores de histórias são bons comunicadores.

O inverso não é verdadeiro. Ser um bom comunicador não implica ser um especialista na arte de contar histórias. Números, modelos, citações ou argumentos são indispensáveis para fazer com que ideias façam sentido. Mas reduzir tudo a um pensamento pequeno pode não ser suficiente para transmitir ideias complexas ou engajar, pois a nossa mente está estruturada para histórias.

Dados científicos comprovam uma conexão fundamental entre ser humano e contar histórias. De fato, a nossa memória de trabalho, e por consequência, a nossa habilidade de identificar sequências e representar histórias estão interconectadas.

Quando crescemos conseguimos entender e contar histórias mais sofisticadas[132]

Quando nos desenvolvemos profissionalmente, assumimos tarefas de complexidade crescente. Isso exige cada vez mais a habilidade de explicar situações complexas. Tome como exemplo, o gerente de projetos que reporta um atraso devido a um problema técnico ou o arquiteto corporativo que apresenta o *Roadmap* da tecnologia da empresa.

Saber contar histórias nos ajuda a organizar as ideias, a entender melhor o contexto e a direcionar melhor as nossas ações. Isso faz com que sejamos capazes de achar sentido e direção enquanto os outros ainda estão procurando entender o que está acontecendo.

Saber contar histórias é uma competência

Um dos maiores desafios dos profissionais de TI é conseguir explicar assuntos técnicos numa linguagem de leigo. O seu cliente interno precisa estar ciente do risco operacional; a área financeira precisa entender o projeto antes de aprová-lo; o gerente de projetos precisa reportar a situação do projeto numa linguagem que todos entendam. Sem essa competência, a sua carreira empaca.

Histórias de terror demonstram a lógica, por exemplo, do risco de se efetuar mudanças emergenciais desnecessárias. Argumentos isolados não funcionam e os donos de processo acabam sendo rotulados de engessados ou sem visão de negócios.

Contudo, histórias verdadeiras sobre problemas em produção são bem mais eficazes do que advérbios de negação.

Além de melhorar a argumentação, histórias também garantem o seu holerite. Principalmente quando você tem que responder as perguntas difíceis tais como: "por que não resolvemos esse problema antes?" ou "por que fizeram isso?". Uma resposta curta, puramente factual, transmite uma imagem de tolerância a problemas. Por sua vez, um racional rico em detalhes mostra que o problema foi bem gerenciado e o profissional fez de tudo para resolver o problema.

Muitas vezes, os profissionais não optam por contar o histórico e caem em tentação: inventam uma história e torcem para que todos sejam ingênuos e mal informados.

Histórias precisam ser e parecerem verdadeiras para funcionarem

Se você relata uma história de um projeto que você implantou numa outra empresa, como as pessoas eram boas, como os clientes eram parceiros, como tudo foi perfeito e sem falhas, provavelmente ninguém vai acreditar, mesmo que tenha sido verdade.

Isso também vale numa entrevista de emprego. Se os trabalhos anteriores foram muito bem sucedidos e sem falha alguma, algo está errado. Provavelmente o candidato está escondendo algo, pois narra histórias sobre os bons tempos que não eram tão bons assim. Entrevistadores não acreditam em contos de fadas, mas acreditam em histórias que são verdadeiras e congruentes.

Histórias mentirosas e meias verdades embelezadas com o objetivo de enganar o ouvinte não são críveis porque são improváveis e incongruentes. Aliás, algumas histórias verdadeiras são também difíceis de engolir. Por essa razão, é tão importante saber selecionar o conteúdo para adequar a história a situação.

Contanto, que não distorça o sentido da história, aí vira mentira. Aquilo que fazemos em 25% das nossas comunicações[1].

Existem histórias que ainda não aconteceram porque são construções daquilo que desejamos para o futuro. Cenários, visões e planejamentos são criados e comunicados para direcionar, engajar e construir uma visão para por a empresa em movimento. Essas histórias não são verdadeiras porque ainda não aconteceram, mas precisam ser coerentes para que sejam críveis. Uma exceção a tudo isso, são as histórias para boi dormir. Histórias que não precisam ser verdadeiras nem coerentes, pois ninguém acredita mesmo.

Capítulo 17

Por que o *Outsourcing* de TI aumenta os custos?

OS EGIPCIOS TERCEIRIZARAM A ÁGUA, MAS NÃO A CERVEJA

Conclusão

A contratação de serviços externos (que em teoria poderiam ser realizados internamente) é o resultado da nossa necessidade básica de realizar trocas. Portanto, não faz muito sentido se posicionar contra ou a favor do *Outsourcing* de uma maneira geral, mas sim contra ou a favor de um projeto específico de *Outsourcing* com um fornecedor num certo momento da empresa. Cada empresa tem uma conta, às vezes a conta fecha, outras vezes não. Às vezes o projeto de *Outsourcing* funciona, outras vezes não.

Modelos de serviços mal desenhados, contratos mal elaborados, má gestão do fornecedor, demanda reprimida, perda de conhecimento, ausência de objetivos e métricas claras aumentam o custo do *Outsourcing*, frustrando a expectativa do negócio. Por essa razão, os projetos de *Outsourcing* que visam reduzir custos normalmente devem ter um ganho estratégico adicional como a escalabilidade, serviços novos ou o acesso a especialistas. Sem ele, você poderá ter a tarefa ingrata de explicar por que razão os custos aumentaram sem vantagem alguma para a empresa.

Saiba o porquê

O Outsourcing não é um fenômeno contemporâneo. É tão antigo quanto a nossa cultura. Civilizações antigas, como os egípcios, costumavam terceirizar o serviço de construção de canais e pagar com a produção de sua agricultura.

Os egípcios inventaram o calendário, uma escrita própria, o papel, um sistema numérico, a camisinha e a cerveja (a sua melhor invenção). Contudo não inventaram o *Outsourcing*, que é um dos resultados da propensão humana à troca. "Dê-me aquilo que eu desejo, e terás isto que desejas"[110]. É dessa maneira que obtemos a grande maioria dos favores e serviços que necessitamos.

Assim, a terceirização de serviços surgiu espontaneamente em vários momentos da história. O exército romano contratava mercenários para compor as suas legiões. Ora, devido a um descenso demográfico; ora, pela simples falta de dinheiro. Os ingleses terceirizaram parte da sua marinha aos corsários, que dividiam os espólios com os reis da Inglaterra. Era caro manter uma indústria naval. Somente durante a revolução industrial as

Capítulo 17 - Por que o Outsourcing de TI aumenta... — 135

empresas começaram a terceirizar atividades de armazenamento, segurança e contábeis. O *Outsourcing* evolui até tornar-se uma estratégia de negócio na década de 80.

O *Outsourcing* evoluiu da propensão humana à troca

Quando escuto a frase: "eu não acredito em *Outsourcing*", penso em quantos projetos de *Outsourcing* o profissional implantou, participou ou contratou para concluir isso: 7, 5, 2 ou nenhum? A sua opinião é o resultado de alguma experiência ruim ou simplesmente da sua intuição?

A contratação de serviços externos (que em teoria poderiam ser realizados internamente) é o resultado da nossa necessidade básica de realizar trocas. Portanto, não faz muito sentido se posicionar contra ou a favor do *Outsourcing* de uma maneira geral, mas sim contra ou a favor de projeto específico de *Outsourcing* com um fornecedor num certo momento da empresa. Cada empresa tem uma conta. Às vezes a conta fecha, outras vezes não. Às vezes o projeto de *Outsourcing* funciona, outras vezes não.

A pesquisa do economista Oliver Williamson, prêmio Nobel em 2009, sobre a teoria da firma concluiu: "os limites de uma firma são variáveis de decisão que necessitam de avaliações econômicas". Quando é fácil contratar, utilizamos fornecedores; quando é complicado, executamos internamente. Barreiras econômicas internas determinam a viabilidade do *Outsourcing*.

Tome como exemplo o esforço para planejar uma manutenção evolutiva de um legado de anos: levantar a documentação existente, os requisitos, ler o pensamento do usuário, especificar, cotar etc. Uma *software house* levantará o máximo possível de informação antes de fazer qualquer cotação de preços, elevando o custo/tempo anterior ao início do serviço.

Por sua vez, é mais fácil terceirizar a manutenção de um portal web que utiliza um *framework* ou arquitetura de mercado. Uma menor incerteza e a ausência de particularidades diminuem o custo para se coordenar a demanda (uma transação).

O que determina a opção pelo *Outsourcing* é o custo para organizar uma transação

Um dos resultados da teoria da firma é que ela é menos necessária se for fácil e barato organizar as suas transações por meio de fornecedores. Ou seja, é razoável transferir a execução de uma tarefa para terceiros se for fácil achar o produto, se o fornecedor for confiável e se existirem garantias que ambas as partes cumprirão o acordado.

Assim, o que determina a escolha pelo *Outsourcing* é a dificuldade em coordenar a contração de serviços externos e a sua gestão. Esse custo de coordenação (ou organização) foi batizado com o nome infeliz de "custo de transação", nome um pouco melhor que *esparadrapo da silva*, e que não inclui o custo do serviço em si.

Apesar do nome desafortunado, o corolário é surpreendente: terceirizar serviços não implica efetuar contratações baratas. O oposto do nosso senso comum. De fato, muitos projetos são realizados a um custo muito elevado (se comparado ao custo interno). Pense no preço de honorários advocatícios, no homem-hora do *professional services* e nos custos das consultorias estratégicas.

Realizar um *Outsourcing* não necessariamente implica reduzir custos

Entre todas as técnicas que podem ser usadas para realizar uma tarefa, a firma sempre escolherá a menos dispendiosa. Isso

Capítulo 17 - Por que o Outsourcing de TI aumenta... — 137

é o que declara a teoria da firma e aqueles que desejam manter o emprego. Essa aparente contradição tem origem no uso despreocupado do termo *redução de custos*. Muitas empresas consideraram apenas parte da sua estrutura no cálculo do custo. Ao usar uma métrica errada, as calculadoras obedecem aos seus donos e podem concluir que o custo do serviço aumentou após o *Outsourcing*. Contudo, uma análise mais cuidadosa do impacto na estrutura organizacional pode demonstrar que o custo total caiu, pois vários custos administrativos de contratação, qualificação, infraestrutura predial e estrutura fixa caíram. Custos que não foram considerados na análise. A soma desses vários custos é justamente o custo para organizar uma transação de serviço, o custo de transação.

O *Outsourcing* pode aumentar os custos, se não usarmos métricas adequadas

Os limites de uma empresa, as decisões sobre verticalização e o *Outsourcing* dependem da dificuldade de viabilizar um serviço que ultrapassa a fronteira do departamento. Esses custos de transposição da hierarquia representam as maiores oportunidades de redução de custos e explicam o apelo dos projetos de *Outsourcing*.

Por isso, espera-se que um *Outsourcing* de TI crie facilidades para o consumo dos serviços. Um *Service Desk* deve ser facilmente escalável; uma fábrica de software deve ser capaz de iniciar um novo desenvolvimento em poucas semanas. Se não houver agilidade, o produto *Outsourcing* não poderá competir com a alternativa de recursos internos.

Segundo *The Outsource Institute*[38], o motivo principal que leva as empresas a terceirizarem é a redução dos custos operacionais. Sem objetivos claros e métricas que incluam os custos de transação, o gestor do *Outsourcing* terá grande dificuldade de explicar porque o custo não caiu.

Outra situação relacionada com métricas inadequadas é a comparação seca da mesma operação em momentos distintos. Um ano após implantar o *Outsourcing*, uma empresa passou a realizar um volume maior de transações, gerando um aumento da demanda no fornecedor, e por consequência, um aumento do custo. O que não é necessariamente algo ruim se houver a contrapartida da receita. Por isso as métricas são tão importantes. É o que confirma a pesquisa da Bain & Company[122]: objetivos com base no mercado e métricas claras constituem a base para um programa de redução de custo sustentável.

Por tudo isso, as métricas da iniciativa de um *Outsourcing* devem ser balanceadas, incluindo tanto indicadores financeiros (i.e. custo total, custo unitário, custo de transação) quanto de processos (i.e. eficiência, volumetria). Sem isso, a iniciativa fica descolada do resto da empresa e o *Outsourcing* vira custo.

A demanda reprimida de serviços pode aumentar o custo do *Outsourcing*

Ao contratar um *Outsourcing*, espera-se que o custo de transação caia por conta da escalabilidade do fornecedor. A consequência é a eliminação de gargalos na operação. Os clientes percebem isso e aumentam a demanda. O que é muito bom, pois a TI é sinônimo de gargalo. Contudo, se não houver freios operacionais ou contratuais para controlar a demanda, o rombo no orçamento é inevitável.

O consumo de *Storage*, a quantidade de MIPs e o volume de tickets no *Helpdesk* são exemplos de serviços que exigem uma boa gestão, caso contrário a TI perde o controle sobre os custos do fornecedor. Pesquisa realizada pela *Compass Management*[73,] em 240 grandes contratos de *Outsourcing,* demonstrou que após o primeiro ano do contrato, as empresas de *Outsourcing* começam a elevar o preço e nos últimos anos os preços superam entre 30 e 45% os custos internos.

As empresas de *Outsourcing* começam a elevar o preço após o primeiro ano de contrato

Falhas em modelos, contratos mal escritos, gestão do fornecedor deficiente, demanda reprimida não prevista e a ausência de métricas aumentam o custo operacional, frustrando o Business Case do projeto.

Para tornar a questão um pouco mais complexa, a maioria dos projetos de *Outsourcing* de TI envolve a transferência de serviços complexos e mudanças nos níveis de serviços. Como tanto a complexidade quanto a qualidade impactam o preço final, a comparação, portanto, deixa de ser direta. Pelo menos para a TI, que é especialista em serviços. Para o resto da empresa, a comparação é sempre entres dois custos: antes e depois. Qualquer discrepância é problema da TI.

A complexidade e a qualidade dos serviços aumentam os custos do *Outsourcing*

Às vezes, o custo do *Outsourcing* aumenta porque o serviço contratado possui um melhor nível de serviço. Outras vezes, são criados serviços novos fazendo com que a conta inicial não feche. Isso torna a questão das métricas ainda mais importante, pois será preciso contar essa história para o financeiro e para se defender dos oportunistas no futuro. Contudo, as métricas de serviços são apenas uma parte do conhecimento da operação. O conhecimento detalhado do catálogo de serviços é a chave para manter os custos sob controle.

A perda do conhecimento aumenta os custos do *Outsourcing*

Contratos de "porteira fechada" só são bons para quem vende. Pois o fornecedor vende o serviço de *Outsourcing* como uma caixa-preta, assumindo total responsabilidade pelo serviço. Mas se o cliente não estruturar uma equipe técnica mínima, dificilmente, poderá efetuar questionamentos detalhados sobre os serviços.

Sem uma estrutura técnica mínima que suporte o gestor do contrato, o cliente perde rapidamente o conhecimento de seus processos. A falta de informação é utilizada contra o cliente que busca de alguma forma entender como o fornecedor opera para questionar os custos, prazos e a qualidade do serviço.

O fornecedor, por sua vez, não se vê obrigado, contratualmente, a abrir a sua caixa-preta, pois precisa assegurar o retorno do projeto. A falta de informação custa caro.

A falta de informação sobre os custos do fornecedor e do mercado aumenta o custo do *Outsourcing*

Quando um contrato de *Outsourcing* é assinado, começa uma corrida contra o tempo. O fornecedor corre para rentabilizar a operação, reduzindo os seus custos e aumentando o faturamento. Por sua vez, o cliente corre para controlar os custos do contrato, enquanto cobra melhorias nos serviços e redução de custos.

Enquanto isso, as mesmas forças que viabilizaram o modelo de *Outsourcing* continuam ativas: redução dos custos de infraestrutura, evolução da segurança, massificação do acesso à internet, especialização das empresas, surgimento de soluções na nuvem etc. Todas essas forças reduzem o custo do fornecedor, mas o cliente não necessariamente se beneficia.

Os contratos de *Outsourcing* mais longos possuem uma cláusula de redução de custos

Os ganhos de tecnologia e escala do fornecedor de *Outsourcing* não necessariamente irão beneficiar o cliente. Mas se não ocorrer, eventualmente, a empresa terá que abrir uma nova RFP, renegociar o contrato etc. Para evitar isso, algumas empresas de *Outsourcing* preveem no contrato uma redução do custo anual com base em dados históricos, reduzindo assim o custo para se revisar o contrato.

Custo de transação, não há nada que faça para fugir dele. É ele que determina a viabilidade de um novo arranjo organizacional. Não terceirizamos quando um processo é muito específico ou quando há muita incerteza. Por sua vez, terceirizamos quando o custo de transação é mais baixo se executado externamente. Isso acontece com processos mais padrões e que são mais conhecidos no mercado.

Os egípcios intuitivamente já sabiam disso ao terceirizarem a construção dos canais para escoar a água do Nilo. Era mais fácil e barato deixar parte do serviço para as tribos do sul. Ao inventarem uma nova bebida mais barata que o vinho, perceberam o valor estratégico de manter a fabricação da cerveja sob controle dos faraós. Os egípcios não inventaram o *Outsourcing*, mas já sabiam como manter os seus custos sob controle e separar o joio do trigo, ou melhor, a água da cerveja.

Capítulo 18

Por que o profissional de TI precisa aprender a lidar com as preocupações?

O RATO EXPERTO QUE FOI PEGO PELA LEI DE MURPHY

Conclusão

O trabalho em TI é complexo, arriscado e cheio de novidade. O resultado disso é uma incerteza rotineira no trabalho do profissional de TI. Conflitos em projetos, discussões acaloradas e caça aos culpados compõem o dia a dia desse ambiente caótico e estressante. Empresas cujas áreas de TI não aderem a esse cenário, são tão comuns como moedas de três reais.

Para lidar com as preocupações, os profissionais precisam desenvolver uma série de competências como a atenção plena e a gestão de riscos, além de fazer uso de oportunidades que considerem valiosas.

Saiba o porquê

Imagine o dia de um arquiteto de software que trabalha numa empresa que sofre uma reestruturação. Ele acorda pensando se o crachá passará na catraca; durante o trabalho preocupa-se como a nova organização vai funcionar; e na volta para casa pensa no que acontecerá amanhã. Assim, o dia passou e apesar de não ter faltado ao trabalho, não esteve presente em nenhum momento.

Os preocupados passam o dia ruminando cenários negativos

Uma preocupação é um pensamento negativo acerca de uma situação futura. Preocupamo-nos diariamente sobre algum assunto pessoal ou profissional. A preocupação gera a ansiedade que por si só gera ação, diminuindo a ansiedade. A ansiedade é assim o meio pela qual a nossa preocupação gera a ação. Essa é a parte boa da preocupação. A preocupação produtiva. Aquela que nos faz agir.

Quando um profissional passa o dia ruminando sobre o projeto, sobre a possibilidade de falência da empresa ou sobre o seu colega puxador de tapete, a preocupação ocupa o espaço de outros pensamentos e vira uma doença crônica, que nos faz perder tempo e nos desgastar emocionalmente.

Cerca de 7% da população mundial[78] é formada de preocupados crônicos, que se preocupam com uma série de coisas diferentes – dinheiro, saúde, trabalho ou segurança. Todos sofrem de TAG (Transtorno de Ansiedade Generalizada) e saltam de uma preocupação para outra sem relaxar. Esse distúrbio de pensamento causa, além de outros problemas mais graves, fadiga, dores, problemas no intestino e falta de sono, impactando a vida pessoal e profissional.

Existem pessoas que possuem uma propensão maior para sofrer de TAG devido a problemas na infância, traumas ou conflitos graves. Esse exército passa o tempo todo se preocupando com o que pode acontecer se isso ou aquilo ocorrer, criando cenários negativos e tentando controlar a incerteza.

Os preocupados crônicos não toleram a incerteza[78]

A intolerância à incerteza gera a preocupação, que causa a ansiedade e a ação. O preocupado crônico não tolera a incerteza em nenhuma circunstância, produzindo ansiedade em altas doses que acaba paralisando as suas ações. Ansiedade é boa quando gera ação, mas paralisa se for frequente.

O trabalho em TI é complexo, arriscado e cheio de novidade. O resultado disso é uma incerteza grande na rotina de qualquer profissional. Conflitos em projetos, discussões acaloradas e caça aos culpados compõem o dia a dia desse ambiente caótico e estressante.

Pessoas ansiosas quando expostas a esse ambiente tem maior possibilidade de sofrer de ansiedade e acabar tendo algum problema de saúde. A não ser é claro que aprendam a lidar com as suas preocupações.

O profissional de TI precisa aprender a lidar com as suas preocupações

"Se a solução não funcionar, não serei promovido", pensa o gerente de projeto; "o serviço tem uma vulnerabilidade que pode ser alvo de ataques", preocupa-se o analista de segurança; "o meu cliente interno só espera uma falha no sistema para escalar", reflete o analista de negócios. Pensamentos como esses são recorrentes para quem trabalha em TI, pois a complexidade dos projetos, a mudança da tecnologia e o oportunismo dos clientes internos geram eventos que se convertem em preocupações. Além desses fatores adicionam-se o grande desvio entre demanda e a capacidade de TI e as mudanças constantes na organização. A resultante de todas essas forças é uma eterna dor de cabeça.

Como a área de TI tende a ficar cada vez mais dinâmica, resta ao profissional saber lidar com a doença do "e se", cujo componente principal, a incerteza, não toma partido.

A incerteza é na realidade neutra[78]

Se não tenho certeza se estimei o esforço corretamente, não significa que o projeto vai atrasar. O projeto pode até ser entregue antecipadamente. Se não tenho certeza se o servidor vai falhar, não quer dizer que falhará, simplesmente não sei. A incerteza não toma partidos.

Os preocupados passam tanto tempo ruminando cenários negativos que se esquecem de desenhar os positivos. A probabilidade não favorece a um dos lados da balança. Se existe uma

Capítulo 18 - Por que o profissional de TI precisa aprender... — 147

chance maior de dar errado, provavelmente dará, mas se a chance é pequena, provavelmente não haverá problema de capacidade no servidor. A incerteza é imparcial.

A incerteza é na realidade neutra. Mas o que dizer da lei que surgiu quando o engenheiro militar Edward Murphy Jr. (1918-1990) descobriu que um erro banal que inviabilizou toda uma bateria de testes sobre a gravidade? Murphy teria culpado um subordinado, queixando-se de que "se existirem duas ou mais formas de fazer uma tarefa, e uma delas puder provocar um desastre, alguém irá adotá-la"[79].

A lei de Murphy declara que se apenas um *notebook* quebrar de um lote de mil equipamentos, o usuário contemplado será o CEO da empresa. Ou se houver uma falha numa aplicação ela acontecerá no horário de maior impacto. A lei de Murphy tem um senso de oportunidade e *timing* inigualáveis. Tente falar bem de seu serviço ao seu cliente. É quase certo que o serviço ficará indisponível em no máximo um dia após a comunicação. Fatos, experiências, histórias de amigos exemplificam que se alguma coisa pode dar errado, com certeza dará.

Brincadeiras à parte, a lei de Murphy com suas múltiplas versões é na realidade uma lenda urbana, uma generalização apressada, originada de fatos reais que foram distorcidos com o tempo. É uma lembrança incômoda de que os erros estão à espreita e combinações de eventos improváveis podem levar a um desastre em TI. Intuitivamente acreditamos nela. Os céticos dizem: "eu não acredito, mas respeito". Mas começam a acreditar até presenciarem um incidente com várias causas simultâneas ou um problema que teoricamente seria impossível de acontecer. Tome como exemplo, um incidente numa grande empresa causado por um rato que roeu o cabo de energia. Para o rato e para a área de TI daquela empresa, a Lei de Murphy é válida.

O *sex appeal* da Lei de Murphy tem um motivo forte: não somos observadores acurados da realidade e tendemos muito mais a observar fatos negativos do que ocorrências positivas. Experiências como "nunca há uma caneta na minha mesa quando preciso" ou "sempre esqueço o celular numa emergência" são "provas" desse princípio. Mas se formos avaliar um volume grande de eventos, observamos que a incerteza continua neutra apesar do servidor ter caído justamente na demonstração ao cliente. Na prática, não utilizamos todas as informações disponíveis.

Com base nisso, a Lei de Murphy pode ser redeclarada numa forma mais útil: "se existe a possibilidade de acontecer algo ruim, o dado não pode ser ignorado, a fim de se evitar uma catástrofe"[79].

Se algo pode dar errado, o dado não pode ser ignorado

Quem ignora o dado é presa fácil para a Lei de Murphy. Quem não ignora, planeja-se de acordo com a sua importância. Quando uma incerteza é identificada e quantificada, ela é batizada de "risco". Quando é só uma ideia, chamamos de incerteza.

Como a incerteza é neutra, ela pode também nos favorecer. Aí ela se chama de oportunidade. Em TI a disciplina que cuida de ambos os aspectos é a Gestão de Riscos e Oportunidades.

Quando a incerteza vira risco passamos a tratá-la de outra maneira. Podemos, dentre outras coisas, contingenciá-la ou eliminá-la, reduzindo a nossa ansiedade. Portanto, o ato de gerenciar riscos e oportunidades ajuda a reduzir a ansiedade por meio da ação. O futuro fica assim menos incerto e Murphy mais controlado.

Outro aspecto da gestão de riscos é que ela é uma excelente oportunidade para compartilhar riscos com o negócio. Você até pode não gostar do que vai ouvir quando descrever os riscos do projeto para o seu patrocinador, mas vai se sentir bem mais leve após comunicá-los.

Mas o que fazer diante de incertezas que não estão sob o nosso controle, que nem sequer conseguimos estimar uma probabilidade de ocorrência?

Existem coisas que não estão sob o nosso poder

Crises, fusões, aquisições, reestruturações ou projetos corporativos mudam a organização e quebram promessas realizadas na contratação. Essas forças externas não estão sob o nosso poder. Não podemos evitá-las ou controlá-las. Razão pela qual são uma fonte de indignação.

É o que Peter Sandman, um especialista em riscos, costuma dizer: "os riscos que controlamos são uma fonte muito menor de indignação do que os que estão fora do nosso controle". Assim, temos uma propensão maior a nos rebelar contra aquilo que não controlamos, tornando-se uma fonte de preocupação.

Passar o dia inteiro pensando nas consequências de uma grande mudança na sua empresa só prejudica você no trabalho, pois não sobra tempo para pensar em como se posicionar diante dos agentes da mudança.

Temos uma propensão a nos indignarmos com aquilo que não controlamos

Se não temos controle sobre as causas de um evento, procuramos minimizar as suas consequências. Fazemos isso nos posicionando e planejando para o pior. Mais que isso é perda de tempo e desgaste mental. É perda de foco. É tornar-se vítima de um fluxo de pensamentos incessante.

Aliás, uma das características do preocupado crônico é estar sempre ausente. "O fulano é sempre tão distante nas reuniões", avalia um colega. "Ora está bem, ora está desconectado", avalia o chefe. E, rapidamente, os colegas oportunistas formam uma opinião negativa a seu respeito.

O preocupado crônico está sempre ausente

O preocupado crônico está sempre logicamente ausente, pois precisa de tempo para pensar no futuro, fazer generalizações sobre a experiência e tentar controlá-la. Acaba, assim, desperdiçando um tempo valioso que poderia estar sendo empregado em tarefas produtivas.

O oposto do preocupado crônico é o profissional que desenvolveu a qualidade de estar presente, de ter atenção. Ser capaz de focar no trabalho imediato e não dispersar por pequenas coisas é uma competência. A técnica para evitar o "escapamento do pensamento" é conhecida como Atenção Plena. Oriunda de ensinamentos budistas, essa técnica direciona você na experiência presente imediata, evitando o pensamento sem foco.

A meditação não é a única forma de melhorar a qualidade de estar presente. É possível se conectar com o trabalho de forma persistente através do engajamento. Aliás, a principal característica do profissional engajado é estar presente e conectado emocionalmente ao trabalho. Por sua vez, o profissional que passa o tempo todo se preocupando e reclamando da empresa faz parte da estatística de "absenteísmo lógico" e ainda compromete a qualidade do seu trabalho.

É necessário que o profissional de TI faça uso das oportunidades de se engajar

Para que um profissional esteja envolvido em algo, são necessárias duas coisas: primeiro, que haja uma oportunidade; segundo, que o profissional faça uso dela. A empresa cria oportunidades e como o seu gestor determina o seu escopo de trabalho, é o seu líder, ou pelo menos deveria ser, quem tem a chance de oferecer uma oportunidade de participação em algum projeto.

É a gestão de oportunidades saindo do papel. Nela, é possível conciliar interesses distintos: os da empresa e os do profissional de TI. Um projeto interno pode ser uma oportunidade valiosa para um profissional que deseja ser gerente de projetos. Da mesma forma, a definição de uma nova arquitetura pode ser a oportunidade de ouro para um programador *Java*. O gestor que leva em conta esses interesses e engaja a equipe em projetos valiosos, inunda o pensamento de todos com um trabalho focado e de qualidade, reduzindo as preocupações miúdas do dia a dia.

O engajamento ativo em projetos valiosos diminui a importância das preocupações miúdas

Trabalhar num projeto que você considera valioso torna irrelevante o sapo que você engoliu do seu chefe ou as puxadas de tapete dos colegas. Susan Wolf tem uma forma prática de definir uma vida com sentido: "vidas dotadas de sentido são vidas de engajamento ativo em projetos valiosos"[80]. O trabalho dotado de sentido permite que você lide melhor com as preocupações miúdas e se torne mais resiliente.

Como a incerteza é sempre uma fiel companheira de TI, a resiliência é uma competência extremamente valorizada nas empresas. Aqueles que aprendem a lidar com as preocupações tem uma chance maior de sucesso do que profissionais imaturos e capazes de surtar diante de qualquer problema.

Na escalada pelos melhores salários, a competência emocional aumenta gradualmente de peso. E é melhor andar mais rápido do que o seu colega, pois como diz a lei de Murphy: a outra fila sempre anda mais rápido.

Capítulo 19

Por que as TIs são iguais, só muda de endereço?

O ENIGMA DE OUTRO MUNDO PF.

Conclusão

Pergunte a alguém como é trabalhar em TI, e receberá como resposta algo não muito diferente de: "é uma profissão estressante, tem muita novidade e lida ao mesmo tempo com problemas intermináveis".

De fato, alguns problemas parecem não possuir soluções definitivas por serem complexos e obscuros. Como precisamos concluir tarefas e cumprir as nossas funções para nos sentirmos realizados, esses problemas sem aparente solução são uma fonte de estresse e insatisfação.

Polya, no seu livro *A arte de resolver problemas*, afirmava: "se não for possível resolver um problema, resolva um problema correlato"[145]. Na TI, se não for possível resolver um problema, você precisa conciliá-lo. A TI só muda de endereço, mas as pessoas fazem a diferença.

Saiba o porquê

O gargalo, a baixa satisfação do negócio, as falhas de comunicação e as inúmeras tentativas do negócio fazer da TI um bode expiatório são exemplos de problemas que parecem mudar apenas de endereço. Não importa o segmento da empresa ou o desempenho da TI, esses problemas são sempre temas recorrentes.

Ao tentar minimizar a diferença entre a demanda do negócio e a capacidade da TI, um gestor contrata dois novos analistas e consegue atender a todas as demandas. Durante um tempo, o gargalo some e a satisfação do cliente aumenta. Após dois meses, os clientes demandam mais ao perceber o aumento de capacidade. O novo gerente financeiro não consegue dar andamento nos seus projetos e reclama da falta de capacidade da TI, iniciando um novo ciclo reclamações.

De fato, o que a experiência mostra é que não existe um método que resolva todos os problemas, mesmo que sejam parecidos. A comunicação mais focada no negócio que funciona bem para uma empresa, pode não funcionar para outra, que exige mais detalhes técnicos. Quando o contexto muda, o problema muda e volta a aparecer.

Não existe um método que resolva todos os problemas

Uma das possíveis explicações é que dois problemas podem ter o mesmo sintoma ou como diz o guru *Peter Senge*: "a mesma febre", mas possuírem causas diferentes ou causas em comum. Pense nas falhas de software da sua empresa. A falha está mais associada a erros de especificação, no desenvolvimento ou teste? Ou varia de um problema para o outro?

Conforme argumenta Dewey: "nenhum problema pode ser resolvido, pois a essência do problema nunca deixa de existir"[53].

Essa afirmação parece não ser consistente com a nossa experiência em TI, pois resolvemos problemas o tempo todo: falhas de conexão são reestabelecidas, atrasos são recuperados, demandas são negociadas, contornamos a insatisfação do cliente etc.

Na verdade, resolvemos um problema dentro de certos limites quando ele se apresenta. Uma solução sempre resolve um problema num determinado contexto[53]. Se o contexto mudar, a solução pode não mais se aplicar, pois o problema mudou, mesmo que pareça ser o mesmo problema.

Problemas são resolvidos em situações específicas

Apesar de resolvermos problemas dentro de certas fronteiras, buscamos (ou deveríamos) sempre uma solução de maior abrangência possível de forma a evitar a sua repetição. Mas nem sempre isso é possível.

Às vezes surge uma condição não prevista no manual de procedimentos do datacenter que foi exaustivamente revisado no mês passado. Outras vezes, a solução técnica em si não é suficiente, pois a solução esbarra numa questão política. Mesmo soluções abrangentes irão resolver problemas para um conjunto de contextos específicos. O prescrito é sempre lacunar[48]. Isso cria uma demanda para profissionais que lidam melhor com a incerteza e situações mais complexas.

O profissional sênior é aquele que possui competência e autonomia para preencher as lacunas da solução no momento que o problema se apresenta. A capacidade de perceber essas pequenas variações nos problemas e gerenciar todos os aspectos do seu trabalho faz com que seja um profissional mais cobiçado e, portanto, mais bem remunerado.

Somos todos gestores de alguma coisa. Gerimos pessoas, processos, relacionamentos, serviços, tecnologias ou parceiros. A gestão é justamente a arte de obter resultados através da resolução de problemas. Às vezes, um problema dentro do outro, como num *Kinder Ovo*. Outras vezes, somos vítimas da lei de Murphy. Todos os problemas têm algo em comum: a tendência a se repetirem por conta de mudanças no seu contexto.

De fato, como argumenta Minterzberg: os problemas de gestão não são resolvidos, são conciliados[44]. O gerente não resolve problemas, e sim reconcilia recursos, forças, interesses, condições, posições e ideias conflitantes.

Os problemas não são resolvidos, são conciliados

Alguns problemas são puramente técnicos como resolver um problema de configuração no servidor Linux. Isso é um problema específico, mas evitar que não haja o mesmo problema em mil servidores num datacenter é um problema mais abrangente e alvo da gestão.

Outro exemplo: o *hardening* de servidores é um problema que exige contínua supervisão. Nunca conseguimos resolvê-lo

Capítulo 19 - Por que as TIs são iguais, só muda de endereço? — 157

definitivamente porque o ambiente muda constantemente. O bom gestor concilia o tamanho do risco com os requisitos do serviço, evitando o risco excessivo ou a destruição do valor do serviço.

Tome-se também como exemplo o enigma: "porque a TI solta balão à noite e apaga incêndio durante o dia?". A área de tecnologia tem a capacidade inata de se meter em confusão à noite para resolver o problema durante o dia. De fato, isso é apenas o resultado da busca pela flexibilidade enquanto buscamos a estabilidade nos serviços. Não é possível mudar sem causarmos, eventualmente, problemas na nossa infraestrutura. Achar o ponto de equilíbrio é também uma forma de conciliação.

Problemas de TI mal conciliados são fontes constantes de estresse e rupturas na organização

Cerca de um terço dos projetos de TI são cancelados. Mais da metade apresenta algum problema no custo ou no prazo. Com efeito, não há nada mais frustrante para um profissional de TI do que participar de um projeto que foi cancelado ou cujo resultado não foi alcançado.

Fusões, aquisições e reestruturações impactam projetos em andamento, provocam retrocessos, ressuscitam velhos problemas e frustram a equipe de TI, que não consegue ver o resultado do seu trabalho, da sua obra.

A falta de realização e a exposição contínua a problemas produz um estresse que causa a elevação da pressão sanguínea, dores de cabeça, dores nas costas, irritação na pele e fadiga. Essas amolações diárias acumulam-se e podem produzir um dano tão grande quanto um único incidente mais estressante[54].

Na realidade, problemas complexos não deveriam causar estresses excessivos ou rupturas na organização, como de fato acontecem. Como são recorrentes e atrelados à natureza do trabalho na TI, deveriam ser discutidos continuamente como forma de desenvolver a competência de conciliá-los nos diversos contextos que se apresentam.

O gestor competente transforma os enigmas de TI em oportunidades para desenvolver a sua equipe

O bom gestor de pessoas e serviços consegue aproveitar as diversas situações profissionais para desenvolver as competências necessárias para conciliar ou resolver rapidamente os problemas em situações específicas.

Isso cria uma perspectiva positiva através de pequenos projetos que impulsionam o profissional em direção ao seu desenvolvimento. Ou seja, ao invés de ficar reclamando da falta de agilidade do RH em aprovar treinamentos, construímos um modelo de competências para a sua área e use isso para facilitar a aprovação; ao invés de reclamar da baixa satisfação do cliente, criamos uma iniciativa que reduza o tempo de suporte a incidentes.

Conforme pesquisa realizada por Kanner et all, 65% dos profissionais animam-se completando uma tarefa e 60% por cumprir as suas responsabilidades[55]. Ou seja, se você não pode resolver um problema de forma definitiva, pode ao menos desenvolver as competências necessárias para a sua conciliação. Monitorar o problema e gerenciá-lo passa a ser uma nova tarefa, uma nova responsabilidade que substitui a anterior. Fazer isso, evita que o problema vire um enigma de outro mundo.

Capítulo 20

Por que você não deve fazer aquilo que não puder contar?

O ANALISTA QUE SABIA DEMAIS PF.

Conclusão

Desinformar é deixar de informar ou informar erroneamente[21]. É o ato de omitir, desvirtuar ou falsear informação para induzir o receptor da comunicação a um erro de apreciação de fatos. É manipular a informação disponível para aumentar a recompensa. Desinformar é um tipo de trapaça frequente no nosso trabalho.

As áreas manipulam a informação quando se relacionam ou quando lidam com fornecedores. Às vezes a manipulação tem a força de políticas como a preservação da confidencialidade ou da boa vizinhança. Outras vezes, a desinformação é deliberada para aumentar a recompensa do ofensor.

Informar para ser transparente. Não há vergonha na falha. A falha faz parte da prestação de serviço. Não há melhoria sem transparência. Vergonhoso é aquele que esconde as suas falhas. Este não pode contar o que faz.

Saiba o porquê

Quando os Aliados conquistaram a África, o próximo alvo estratégico era a Sicília. Situada no meio do Mediterrâneo, esta ilha era um ponto estratégico entre o Norte da África e a Europa ocupada. No entanto, essa operação poderia ser facilmente prevista pela Alemanha, e os defensores poderiam reforçá-la a ponto de repelir qualquer desembarque.

A solução encontrada para contornar esse problema foi um estratagema de desinformação. O serviço de inteligência britânico sugeriu que fossem anexados documentos falsos a um corpo, deixando-os cair nas mãos dos alemãs, que seriam induzidos a transferir as suas tropas para outros pontos da Europa.

Decidiram que simulariam a queda de aviação de um serviço de correio na costa da Espanha. Para que a história do militar fosse o mais verossímil possível, fabricaram a identidade de um oficial, atribuindo-lhe um nome, um posto no *Royal Marines*, uma namorada, pais, fotografias, cartas, bilhetes de teatro e outros objetos que se encontraria nos bolsos de um oficial.

Os documentos falsos continham detalhes da invasão na Sardenha. Para parecer mais real, fazia referências ao ataque à Sicília após a invasão da Sardenha.

Um submarino britânico lançou o corpo com um colete salva-vidas a cerca de uma milha do litoral espanhol. Poucas horas depois, um barco de pesca resgatou o corpo transportando-o para o porto. O agente espião daquela zona fez o resto.

Quando os Aliados invadiram a Sicília depararam-se com as tropas italianas e alemãs quase desprevenidas. Ao desembarcarem na costa Sul da Sicília notaram que as defesas da ilha estavam mais presentes na costa Norte, virada para a ilha de Sardenha. A Operação de Desinformação havia sido um grande sucesso.

A desinformação é uma tática militar antiga

Apesar do termo *Desinformação* somente ter sido batizado durante a I Guerra Mundial, Sun Tzu[46] considerava uma das táticas mais eficazes levar informações falsas ao inimigo ou fazê-lo decidir e trabalhar pela sua própria destruição por meio de engodos.

As calúnias foram usadas como justificativa para guerras e perseguições. Os judeus, católicos, pagãos e quase todo tipo de minoria religiosa foi caluniada e perseguida por séculos. Mas foi só durante a guerra fria que as operações de desinformação foram utilizadas em larga escala.

Nas mãos da União Soviética, o conceito de Desinformação deu um salto operacional. Os russos definiam desinformação como "a disseminação de informação falsa e provocativa". E a desinformação passou da simples falsificação de documentos à criação de boatos, inteligência e ações físicas para obtenção de efeitos psicológicos. Assim, foi criado um departamento chamado de Desinformação, departamento D. Aliás, foram os russos que criaram o termo Desinformação, *Dezinformatsiya* em Russo. Termo que se incorporou às práticas corporativas.

A desinformação é uma prática corporativa

Desinformar é deixar de informar ou informar erroneamente[21]. É o ato de omitir, desvirtuar ou falsear informação para induzir o receptor da comunicação a um erro de apreciação de fatos. É manipular a informação disponível para aumentar a recompensa. Desinformar é um tipo de trapaça frequente no nosso trabalho.

Sabemos que a informação dentro de uma empresa é uma moeda de troca entre departamentos. Com ela, você consegue orçamentos para aquele projeto que garantirá o seu bônus ou resolverá um problema grave. Aqueles que não têm a informação buscam os que a controlam. Quem tem informação constrói relacionamentos de confiança, desempenha melhor, faz marketing de serviços e mantêm os adversários bem longe dela. A manipulação de informação é um jogo.

A manipulação da informação é um jogo

Com frequência, uma ou mais pessoas possuem a vantagem de saber o que aconteceu ou o que acontecerá na empresa. Essas vantagens, conhecidas como assimetria de informação, são comuns em muitas situações estratégicas[147]. Pense no que o seu fornecedor de hardware fará quando descobrir que a sua empresa somente compra dele ou no que a TI comunicará ao negócio ao descobrir que não pagou o domínio do e-commerce.

Num jogo informacional, você pode ter informação "boa" ou "má". A "boa" é aquela que ao informá-la as pessoas irão alterar as suas ações em seu benefício. A segunda é aquela que os outros usarão contra você. Além disso, ora você é um jogador que possui mais informação, ora você tem menos informação que os seus adversários. A combinação desses fatores determina o tipo de jogo no tabuleiro da TI.

Capítulo 20 - Por que você não deve fazer aquilo que não... — 163

Tome, como exemplo, o gestor que não sabe precisamente os problemas que acontecem na sua equipe. Como um jogador mais informado pode omitir informação, a sua equipe pode estar explicitando os problemas via conta gotas. O gestor corre sempre o risco de atuar tardiamente ou ficar sabendo do problema através dos seus pares. Por sua vez, o gestor de pessoas possui mais informação sobre o que acontecerá com a área do que a sua equipe. Esta última ao se sentir desinformada tenta obter mais informação ou filtrar o que o seu gestor diz. As pessoas sabem que os outros podem não falar a verdade.

A credibilidade das palavras é bem questionável

Segundo a psicóloga carioca Mônica Portella, mentimos em média 25% nas nossas comunicações[1]. A mentira faz parte da nossa cultura. Algumas vezes para tornar a vida social mais palatável. Outras vezes para ferir os outros, na sua pior manifestação.

Às vezes as pessoas tentam fazer o que dizem, mas falham porque não era momento certo ou porque fizeram da maneira errada. Aí não é mentira, nem manipulação; é falha. Contanto, é claro, que seja bem comunicada. Senão vira mentira.

Pesquisas comprovam que palavras sozinhas não são suficientes para transmitir informações críveis. Por sua vez, ações falam mais alto que palavras. O resultante é interessante: um jogador menos informado deve prestar mais atenção no que um jogador mais bem informado faz, não no que ele diz[147].

Isso se incorporou ao nosso senso comum. Virou óbvio. Tome como exemplo o usuário que escala qualquer problema para chamar atenção do seu gestor e conseguir ser atendido mais prontamente. Em particular, concorda em seguir o processo. Na comunicação pública, escala sem pestanejar. De fato, todas as áreas manipulam a informação para aumentar as suas recompensas.

As áreas de uma empresa manipulam a informação quando se relacionam

Com frequência, a área comercial manipula as informações dos clientes para gerar um senso de urgência ou para esconder falhas em propostas ou em contratos.

Na disputa pelos recursos de TI vale tudo. Os usuários omitem, mudam, distorcem e reduzem fatos de forma a serem favorecidos no processo de priorização de TI, que tem o ônus da prova.

Por sua vez, a área de tecnologia da informação esconde os seus problemas dos clientes, dissimulando-os por meio de problemas técnicos cheios de enigmas e paradoxos, que só os técnicos compreendem. Dessa forma, blinda as áreas técnicas de ataques dos usuários. E se a culpa não é da tecnologia, ela é evidentemente dos fornecedores.

A TI e os seus fornecedores manipulam a informação quando se relacionam

As empresas de Outsourcing também escondem os seus problemas por meio de comunicações obscuras e retêm informações críticas para aumentar a dependência do cliente, incentivando às áreas de TI a culparem os seus fornecedores pelos seus próprios problemas de gestão.

Pense no fornecedor que abana a cabeça como uma lagartixa após você solicitar uma melhoria na qualidade do serviço, mas não faz nada porque não é do seu interesse. Ou naquele que debita da conta corrente de "erros de comunicação", quando na realidade agiu para esconder fatos, evitar problemas maiores ou minimizar controles externos.

Capítulo 20 - Por que você não deve fazer aquilo que não... — 165

É por esta razão, que muitos profissionais seniores fazem a mesma pergunta em ocasiões diferentes e consultam outras fontes. Os mais experientes, simplesmente, não confiam prontamente em qualquer informação, pois já esperam distorções propositais e buscam a informação verdadeira dentro daquela que foi maquiada.

Existe uma desinformação funcional nas empresas

Parafraseando o Serva[47], a desinformação quando ocorre em caráter sistêmico pode ser funcional, ou digamos cultural. Pois, os profissionais são submetidos a comunicações truncadas ou em excesso, e não conseguem compor com tais informações uma compreensão do que acontece na empresa ou fora dela.

Existe uma faceta da *desinformação funcional* que é benéfica: muitas comunicações são ligeiramente manipuladas para evitar conflitos desnecessários ou suavizar o relacionamento. É praticamente impossível só falar a verdade dentro de uma empresa.

Ou seja, não é antiético ser conservador nas informações para evitar conflitos ou reforçar o lado positivo de uma ação. É antiético manipular para fraudar resultados, gerar conflitos ou prejudicar alguém.

De fato, muitos colaboradores escodem problemas com as melhores das intenções na esperança de resolvê-los e cumprir com as suas responsabilidades, ao invés de comunicá-los aos seus gestores, que poderiam interpretar como uma tentativa de transferir o problema. Pense no analista de sistemas que suporta um antigo sistema legado, cujos problemas não param de surgir na operação.

Por sua vez, fornecedores (inclusive a TI) podem interpretar que falhas na sua infraestrutura são problemas internos, inerentes ao serviço. Dessa forma, não precisam comunicá-las devidamente.

O código de defesa do consumidor já declara no princípio da transparência o dever dos fornecedores de deixarem claro todos os aspectos da prestação do serviço, traduzindo assim no princípio da informação. As empresas que funcionam como pequenos mercados também desejam que os seus colaboradores sejam transparentes no que fazem.

Informar para ser transparente. Nesse ponto entra a conduta de cada profissional. Você não desejará revelar publicamente algo que é motivo de vergonha. Como Kant dizia: "tudo que não puder contar como fez, não faça"[146]. Não há vergonha na falha. A falha é inerente à prestação de serviço. Não há melhoria sem a sua exposição. Vergonhoso é aquele que tem uma conduta antiética que gera a falha. Esses não podem ser transparentes.

Capítulo 21

Por que trabalhar na TI?

Conclusão

O trabalho na TI é complexo, arriscado e muda o tempo todo. Risco decorrente da complexidade de uma infraestrutura cuja tecnologia é atualizada constante. Mudança contínua que cria um incontável número de oportunidades para os profissionais de TI, enquanto deparam-se com contingências diárias, chefes que estão aprendendo a gerenciar equipes e clientes cujas prioridades possuem consistência de geleia.

O mercado de trabalho na TI é um dos que mais cresce em vagas e profissões novas. Por ser um mercado extremamente competitivo, a empregabilidade é determinada pela capacidade de aprender, pelo estômago e pelas competências comportamentais.

Saiba o porquê

Quando visitei o Museu da Língua Portuguesa em São Paulo, fui surpreendido por uma atração tecnológica que permitia a construção de palavras com as mãos. Aprendi naquele jogo interativo, que a palavra "trabalho" vem do latim *Tripalium* e significa um antigo instrumento de tortura composto de três estacas, formando um tripé e usado para punir os escravos romanos.

Se você refletir um pouco, o trabalho é associado a algo que desejamos parar de fazer, quando ganharmos na loteria. A algo que fazemos para sobreviver. Ou como o Cortella formula: "o trabalho sempre esteve ligado à escravidão e à servidão e hoje está associado à punição, ao castigo"[30].

O trabalho está associado à punição, ao castigo

Alguns profissionais parecem trabalhar apenas para ver o salário pingar no final do mês. Trabalham de forma mecânica, sem energia, como se estivessem logicamente ausentes. Outros trabalham por motivos diferentes tais como para realizar algo ou para influenciar os demais.

David Ulrich elabora bem essa questão: "trabalhamos por alguma razão.e não apenas pelo dinheiro. É pelo significado"[34]. Mesmo aqueles cujo trabalho é uma troca sem graça de horas por dinheiro buscam sentido no que fazem. Contudo, é difícil achar sentido no trabalho entre um incidente na produção e uma grosseria do cliente interno. Ou entre um sapo que você engoliu do chefe e uma mudança repentina de todo o escopo do projeto. Não é fácil achar sentido num ambiente caótico, complexo e no qual a única coisa certa é a mudança.

O trabalho na TI é caótico, complexo e muda o tempo todo

Logo pela manhã, o coordenador de operações do *Data Center* descobre que um *job* não rodou por conta de uma mudança no dia anterior; corre para agendar uma mudança emergencial quando é informado sobre a antecipação da reunião do novo sistema; durante a reunião, o próprio usuário descobre que há um incidente em produção; o coordenador sai da reunião, recupera o serviço e volta para a sala; após a sua chegada, todo mundo fica olhando para ele e o gerente de projeto dispara: "você preparou aquele relatório de desempenho que pedimos na reunião anterior?".

Num dia típico de TI, os ventos sopram a mais de 100 km/h: ocorrem mudanças em processos e tecnologias; múltiplas requisições dos clientes exigem respostas a as ocorrências em produção precisam de ação imediata.

Risco mais que suficiente para você pensar em trabalhar apenas pelo que você recebe, pois, afinal de contas, ninguém merece trabalhar num ambiente assim. Contudo, existe outro lado que balanceia essa profissão de risco: as contínuas oportunidades.

Há muitas oportunidades para quem trabalha em TI

A TI é hoje a espinha dorsal de quase todas as empresas. Portanto, qualquer força externa (concorrência, regulamentação, política, economia, tecnologia etc.) ou interna (produto novo, reestruturação, redução de custos etc.) acaba impactando diretamente a TI.

Isso gera mudanças que criam oportunidades na forma de projetos, novas funções ou promoções. Mudanças que também aumentam o risco operacional e a complexidade da infraestrutura, demandando profissionais cada vez mais especializados, focados em gestão de serviços e tecnologias específicas. Contudo, o trabalho especializado tem um efeito colateral: o distanciamento entre o profissional e o seu resultado do seu trabalho.

A especialização crescente aumenta o trabalho alienado na TI

Anos atrás, era frequente haver um único profissional com autonomia para programar, implantar e até alterar a infraestrutura. Hoje, o trabalho foi dividido em várias funções técnicas ou papéis dentro de processos bem estruturados para garantir produtividade e reduzir o risco.

A divisão do trabalho na TI produziu um aumento da eficiência ao delimitar o escopo e abrir caminho para a especialização, mas também reduziu a sua visão sistêmica e conhecimento do todo. De múltiplas funções passou a ter uma única função com múltiplos papéis. Apenas uma pequena porção do seu trabalho passou a ser incorporada no resultado final. "Fiz uma alteração no Java, mas não sei exatamente por que razão mudamos o código"; "aumentei a capacidade do serviço, mas não sei se isso está relacionado com o problema do cliente".

É o que Max batizou de "trabalho alienado"[33]. Nele, o trabalhador não se vê como um produtor de riquezas, pois perdeu o conhecimento do todo. Isso é semelhante à perda de conhecimento de como montar um carro pelos operadores industriais.

Apesar do profissional não ter mais o conhecimento do todo,

isso não implica que não possa saber como a sua parte contribui para o resultado final. Sem informação, o trabalho especializado torna-se trabalho alienado no qual as pessoas apenas participam. Por sua vez, um profissional bem informado percebe uma relação de causa e efeito no que faz, aumentando o seu comprometimento.

Um profissional bem informado tende a se engajar

O profissional que sabe o quanto o seu trabalho contribui para o resultado da TI trabalha de forma mais engajada. Contanto, é claro, que outros não levem o crédito em seu nome, inclusive o seu chefe. Aí entra a liderança, reconhecendo a relevância de cada um e evitando que oportunistas levem o crédito no meio do caos da TI.

O reconhecimento é uma força contrária àquelas que distanciam você do seu trabalho. É o ato de reconhecer algo que a TI entregou como um produto seu. Como diria o Cortella: a sua obra[30]. "A melhoria do serviço que obtivemos no mês passado é o resultado do seu esforço"; "a redução do custo de telefonia foi resultado daquela pequena mudança na configuração das filas".

Se você conseguir (ou deixar) se identificar com o resultado final, achará significado no trabalho: "o ajuste que fiz no *job* do faturamento antecipou o envio das faturas em um dia. O financeiro sabe que foi a área de TI que realizou a mudança". O nosso cérebro exige mimos constantes.

É muito difícil trabalhar na TI se não fizer sentido

São necessárias duas coisas para que o seu trabalho na TI comece a fazer sentido: informação sobre a sua contribuição no resultado final e o reconhecimento do seu trabalho. Sem isso, você corre o risco de virar estatística de falta de engajamento.

Pesquisa realizada pelo *Gallup Management Journal* comprova: apenas 29% dos funcionários estão engajados; 54% dedicam tempo, mas não colocam energia, ou seja, não estão engajados; 17% estão desconectados, funcionando como transmissores de ondas de desânimo para os colegas.

Existem inúmeros fatores que determinam a falta de engajamento. Um deles, talvez o mais sensível, é a existência dos gestores cabeça-dura. Uma tribo que acha que sabe tudo que está acontecendo, mas na realidade possuem uma deficiência em escutar os apelos da equipe por mudança, por um trabalho mais valioso.

Trabalhos dotados de sentido são trabalhos de engajamento ativo em projetos valiosos

Parafraseando a Susan Wolf[80]: "trabalhos dotados de sentido são trabalhos de engajamento ativo em projetos valiosos". Valioso aqui se refere à percepção daquele que executa o projeto: o profissional de TI. Projeto aqui não se refere a exatamente um projeto de TI, podendo ser qualquer atividade nova que seja relevante para a empresa e sua vida profissional.

Mesmo que o profissional desempenhe uma atividade estritamente operacional tal como o atendimento em *help-desk* ou operações de *data center*, é possível usar a informação de contato com o cliente ou o dia a dia da operação para montar pequenos projetos de melhoria contínua. Gerentes de Projeto podem reservar um tempo para desenvolver uma metodologia mais adaptada ao negócio. Dependendo da empresa, você pode até negociar o projeto que você deseja trabalhar, tornando-se uma pessoa-chave numa iniciativa de alta visibilidade.

Capítulo 21 - Por que trabalhar na TI? — 173

Ou seja, é sempre possível conciliar a função de um profissional com algum projeto que seja importante para a empresa (na percepção do gestor) e para o próprio funcionário (na percepção dele), dando-lhe certa autonomia dentro desse projeto. Isso faz com que todo o trabalho faça mais sentido, mesmo que você tenha de lidar com dissabores o tempo todo.

A TI entrega mais valor ao negócio se o trabalho fizer mais sentido

Entregar mais valor ao negócio é justamente o que as empresas esperam quando contratam cada vez mais profissionais de tecnologia de comunicação e informação.

Segundo o IDC, a oferta de empregos no setor de TI cresce 6.8% ao ano, quatro vezes mais que o índice de crescimento total do mercado de trabalho no País. Segundo pesquisa da OCDE, cerca de 80% dos seus países associados tiveram aumento na participação de empregos do setor de TCIs (Tecnologias de Comunicação e Informação) no total de empregos das empresas de 1995 a 2008. O Brasil já é o nono país em investimento na tecnologia da informação.

Em resumo, o Brasil está numa fase muito boa para profissionais que gostam de tecnologia, são engajados e possuem a capacidade de se adequar a dinâmica da TI.

O profissional de TI precisa ter "estômago" para lidar com a dinâmica da profissão

Certa vez, escutei de um colega que qualidade de vida no trabalho é entrar às 09h e sair às 18h. De fato, isso seria o ideal para podermos organizar a nossa vida pessoal. Mas na prática é impossível garantir essa rotina, pois o que é certo em TI é a ausência dela, a mudança constante.

174 — Por que trabalhar na TI?

Mudanças que geram uma carga elevada no trabalho, pressões por prazos cada vez mais curtos e uma gestão de demandas sempre superiores à capacidade da TI.

Apesar de não podermos mudar essa dinâmica, podemos influenciá-la e aprender a lidar com as preocupações. Uma das formas de fazer isso é criando projetos valiosos e reconhecendo toda a contribuição do trabalho do profissional (a sua obra) para o resultado da empresa.

Cortella tem uma definição alternativa de qualidade de vida no trabalho[30]: "quando penso em um trabalho com qualidade de vida numa empresa, estou pensando num trabalho que não seja alienado". Trabalho no qual o profissional de TI se identifica com o que faz, apesar de todo o estresse diário.

Trabalhar em TI é como fazer um pacto com o diabo: o trabalho em si produz inúmeras oportunidades que fazem com que você se identifique com o que faz; mas você precisa ter "estômago" para isso, pois quase diariamente o diabo aparece para cobrar a dívida.

Referências Bibliográficas

1. PORTELA, Mônica. *Como Identificar uma Mentira*. Rio de Janeiro: Quality Mark, 2006.
2. BOOHER, Diana. *A Voz da Autoridade*. Rio de Janeiro: Best Seller, 2007.
3. NUNEZ, Antônio. *É melhor contar tudo*. São Paulo: Nobel, 2007.
4. PORTER, M. *Vantagem Competitiva*. Rio de Janeiro: Editora Campus, 1989.
5. JOHNSON, Gerry; SCHOLES, Kevan; WHITTINGTON, Richard. *Explorando a Estratégia Competitiva*. Porto Alegre: Bookman, 2007.
6. KAPLAN, R. S.; DAVID, Norton. *A Estratégia em Ação: Balanced Scorecard*. Rio de Janeiro: Editora Campus, 1997.
7. SCHWARTZ, P. *The Art of the Long View*. New York: Currency Double Day, 1996.
8. REALE, M. *Introdução à Filosofia*. São Paulo: Editora Saraiva, 2007.
9. HOFFMAN, K. D.; BATESON, E. G.; IKEDA, A. A.; CAMPOMAR, M. C. *Princípios de Marketing de Serviços*. São Paulo: Cengage Learning, 2010.
10. HOUP, K. W.; PEARSALL, T. E.; TEBEAUX, E.; DRAGGA, S. *Reporting Technical Information*. New York: Oxford University Press, 2006.

11. STOUT, M. *Meu vizinho é um psicopata*. Rio de Janeiro: SEXTANTE, 2010.

12. BERNSTEIN, A. *101 soluções para sobreviver no mundo corporativo*. Rio de Janeiro: Elsevier Editora, 2010.

13. BURKE, P; PORTER, R. *Línguas e Jargões*. São Paulo: Editora UNESP, 1996.

14. SPONVILLE, A. C. *Dicionário Filosófico*. São Paulo: Martins Fontes, 2003.

15. ABBAGNANO, N. *Dicionário de Filosofia*. São Paulo: Martins Fontes, 2007.

16. ROSS, J. W. ; WELL, P.; ROBERTSON, D.C. *Arquitetura de TI como Estratégia Empresarial*. São Paulo: M. BOOKS do Brasil Editora, 2008.

17. ROSS, J. W. ; WELL, P. *Governança de TI, Tecnologia da Informação*. São Paulo: M. BOOKS do Brasil Editora, 2006.

18. SMITH, A. *Teoria dos Sentimentos Morais*. São Paulo: Martins Fontes, 2002.

19. PINTO, A. V. *O Conceito de Tecnologia – VOLUME I*. Rio de Janeiro: Contra Ponto Editora, 2008.

20. CHIAVENATO, I. *Iniciação a Sistemas, Organização e Métodos – SO&M*. São Paulo: Editora Manole, 2010.

21. FERREIRA, A. *Novo Aurélio*. Rio de Janeiro: Editora Nova Fronteira, 1999.

22. BERTALLANFFY, L. *Teoria Geral dos Sistemas*. Rio de Janeiro: Editora Vozes, 2006.

23. O´CONNOR, J.; MCDERMOTT, I. *Além da Lógica*. São Paulo: Summus Editorial, 2007.

24. EKMAN, P. *Telling Lies*. New York: Norton & Company, 1985.
25. CRAIK, K. *The Nature of Explaination*. New York: Cambridge University Press, 1967.
26. CIFUENTES, R. L. *A Maturidade*. São Paulo: Quadrante, 2003.
27. GUMMESSON, E. *Marketing de Relacionamento Total*. São Paulo: Bookman, 2008.
28. LAKATOS, I. *La storia della scienza e le sue ricostruzioni razionali*. Milão, Feltrinelli, 1971.
29. HUME, D. *Tratado da Natureza Humana*. São Paulo: Editora Unesp, 2009.
30. CORTELLA, M. S. *Qual é a tua obra?* Rio de Janeiro: Editora Vozes Ltda, 2007.
31. SENGE, P. *A quinta disciplina*. Rio de Janeiro: Editora Vozes Ltda, 2007.
32. MLODINOW, L. *O andar do bêbado*. Rio de Janeiro: ZAHAR, 2008.
33. MAX, K. *Manuscritos Econômico-Filosóficos*. Alemanha, 1844.
34. ULRICH, D. *Por que trabalhamos?* Porto Alegre: Artmed Editora, 2011.
35. MAXIMO, A. *Filosofia e História*. Santos: Editora Universitária, 2003.
36. EPICTETO. *A Arte de Viver*. Rio de Janeiro: Sextante, 2012.
37. WAGENSBERG, J. *Pensamentos sobre a incerteza*. São Paulo: Editora Benvirá. 2010.

38. THE OUTSOURCE INSTITUTE. *Top 10 Reasons Companies Outsource*. Disponível em: <www.outsourcing.com>. Acesso em: fev. 2013.

39. DUENING, T.; CLICK, R. *Businesss Process Outsourcing – The Competitive Advantage*. USA: WILEY, 2005

40. Custo de Oportunidades. Disponível em: <http://pt.wikipedia.org/wiki/Custo_de_oportunidade>. Acesso em: jan, 2012.

41. FLEURY, A.; FLEURY, M. *Estratégias Empresariais e Formação de Competências*. São Paulo: Editora Atlas, 2010.

42. MORIN, M.E.; AUBE, C. *Psicologia e Gestão*. São Paulo: Editora Atlas, 2009.

43. RUSSEL, B. *Os problemas da Filosofia*. Lisboa: Edições 70, 2008.

44. MINTZBERG, H. *Managing: desvendando o dia a dia da gestão*. Porto Alegre: Bookman, 2010.

45. HIGH, P. *World Class IT*. Boston: Wiley Press, 2009.

46. TZU, S. *A Arte da Guerra*. 31ª Edição. São Paulo: Editora Record, 2003.

47. SERVA, L. *Jornalismo e Desinformação*. 3ª Edição. São Paulo: Editora Senac, 2005.

48. BOTERF, G.L. *Desenvolvendo a Competência dos Profissionais*. Porto Alegre: Editora Bookman, 2003.

49. *Guia de Orientação para Gerenciamento de Riscos Corporativos*. Instituto Brasileiro de Governança Corporativa. Disponível em: < http://www.ibgc.org.br>. Acesso em: set. 2012.

50. BERNSTEIN, P.L. *Desafio aos Deuses – A Fascinante História dos Riscos*. 9º edição. Rio de Janeiro: Editora Campus, 1997.
51. CIO.COM. *Comair's Christmas Disaster: Bound To Fail*. Disponível em: < http://www.cio.com>. Acesso em: out. 2012.
52. WESTERMAN, G.; HUNTER R. *O Risco de TI*. São Paulo: M Books do Brasil. 2008.
53. DEWEY, J. *Logic: The Theory of Inquiry*. New York: Henry Holt and Company, 1938.
54. FELDMAN, R. *Introdução à Psicologia*. 6ª Edição, São Paulo: McGraw-Hill, 2007.
55. KANNER, A.; COYNE J.; SCHAEFER, C. & LAZARUS R. *Comparison of two modes of stress measurement: Daily hassles and uplifts versus major life events*. Journal of Behavioral Medicine. Berkeley, v. 4, n. 1, 1981.
56. GOLDRATT, E.; COX, J. *A Meta, um processo de melhoria contínua*. 2ª Edição, São Paulo: Editora Nobel, 2003.
57. KOTTER, J. P. *Sentido de Urgência*. Rio de Janeiro: Best Seller. 2008.
58. CHIAVENATO, I. *Comportamento Organizacional*. São Paulo: Editora Campus, 2010.
59. GRAMIGNA, M. *Modelo de Competências e Gestão dos Talentos*. 2ª Edição. São Paulo: Pearson, 2007.
60. *O Livro da FILOSOFIA*. São Paulo: Editora Globo, 2011.
61. LAKATOS, E. ; MARCONI, M. *Sociologia Geral*. 7ª edição. São Paulo: Editora Atlas, 2010.
62. CAUNT, J. *Organize-se*. 8ª edição, São Paulo: Laselva, 2011.

63. MONTANA, Patrick J. *Administração*. 2ª Edição. São Paulo: Editora Saraiva, 2003.

64. JEVONS, W. <u>The Coal Question</u>, 2ª Edição. London: Macmillan and Co., 1866.

65. RIBOLDI, A. *O Bode Expiatório*. 2ª Edição. Porto Alegre: AGE Editora, 2009.

66. EATON, B. ; EATON, D. *Microeconomia*. 3ª Edição. São Paulo: Editora Saraiva. 1999.

67. HARDIN, G. *The Tragedy of Commons*. Science. Dez. 1968.

68. MATHIAS, G. *The Role of Asymmetric Information in Sequential Resource Dilemmas with Unknown Resource Size*. Department of Psychology Göteborg University. 1999.

69. COORTER, R.; ULEN, T. *LAW & Economics*. 5ª Edição. Boston: Pearson, 2008.

70. LEVITT, S.; DUBNER, S. *Freaknomics*. Rio de Janeiro: Editora Campus, 2005.

71. COASE, R. *The Nature of the Firm*. Economica, New Series, v. 4, n. 16. p. 386-405, nov. 1937.

72. STRASSMANN, P. *The Economics of Corporate Information Systems*. Connecticut: The Information Economics Press, 2007.

73. COMPUTERWORLD. *Economia com outsourcing é um mito*. Disponível em: <http:// computerworld.com.br>. Acesso em: jan. 2011.

74. WILLIAMSON, O. *The Economics of Organization: The Transaction Cost Approach*. The American Journal of Sociology, University of Chicago Press v. 87, n. 3, p. 548-577.The. Nov. 1981.

Referências Bibliográficas — 181

75. KAHNEMAN, D.; TVERSKY, A. *Prospect Theory: an analysis of decision under risk.* Econometrica, v. 47, n. 2, p. 263-291, mar. 1979.

76. ALBERTIN, A; SANCHEZ, O. *Outsourcing de TI.* Rio de Janeiro: Editora FGV, 2008.

77. SIMMONS, A. *Jogos Territoriais.* São Paulo: Futura, 1998.

78. LEAHY, R. L. *Como Lidar com as Preocupações.* Porto Alegre: Artmed, 2007.

79. REVISTA GALILEU. *Lei de Murphy - quando tudo dá errado. Edição 148 - Nov/03*. Disponível em: <http://revistagalileu.globo.com>. Acesso em: nov. 2013.

80. BONJOUR, L.; BAKER, A. *FILOSOFIA.* Porto Alegre: Artmed Editora S.A, 2010.

81. LITTMAN, J. ; HERSHON M. *Odeio Gente!* Rio de Janeiro: Bestseller. 2012.

82. SHPILBERG, D. ; BEREZ, D. ; PURYEAR, R. ; SHAH, S. *Avoiding the Alignment trap in Information Technology.* Management Review, v. 49, n.1. 2007.

83. BUGGS, S. *At Workplace, Rude Behavior Can Turn into Rued Behavior*, News & Observer, D1. Mai. 1998.

84. JOHNSON, P. *Rudeness at Work: Impulse over Restraint.* Public Personnel Management, v.30, n. 4, 2001.

85. ANDERSSON, L.; PEARSON, C. *"Tit for Tat? The Spiraling Effect of Incivility in the Workplace,"* The Academy of Management Review, n. 24, p. 452-471, 1999.

86. FLIN, RHONA. *Rudeness at Work.* British Medical Journal. mai. 2010.

87. CONNELLY, J. *"Have we become Mad Dogs in the Office?"* Fortune, 130, p.197-199, nov. 1994

88. CORTELLA, M. S. *Não nascemos prontos!* Rio de Janeiro: Editora Vozes Ltda, 2006.

89. ENZINE ARTICLES. *Technical Content Versus Jargon: How to Identify and Avoid Jargon – Sharon Bailly.* Disponível em: <http://ezinearticles.com>. Acesso em: mar, 2011.

90. MATOS, G. *Comunicação Empresarial sem complicação.* Barueri: Editora Manole Ltda, 2009.

91. POLITO, R. *Como falar corretamente e sem inibições.* São Paulo: Editora Saraiva, 2006.

92. HALLINAN, J. *Por que cometemos erros?* São Paulo: Editora Globo, 2010.

93. MAIZLISH, B.; HANDLER, R. *IT portfolio management: step by step.* Boston: John Wiley & Sons, 2005.

94. KROLL ONTRACK. *Technology Users Believe Human Error is the leading Cause of Data Loss.* Disponível em: <http:// www.krollontrack.com>. Acesso em: jul. 2012.

95. PERTET, S.; NARASIMHAN, P. *Causes of Failure in Web Applications.* CARNEGIE MELLON UNIVERSITY. PA 15213-3890. dez. 2005.

96. WIKLUND, D. ; PUCCIARELLI J., *Improving IT Project Outcomes by Systematically Managing and Hedging Risk*, IDC, jun. 2009.

97. WHITFIELD D. Cost Overruns, delays and terminations in 105 outsourced public sector ICT contracts. European Services Strategy Unit. 2007.

98. ZHU, P. *IT project failure: symptoms and reasons.* Disponível em: <http://www.enterprisecioforum.com>. Acesso em: out. 2012.

Referências Bibliográficas — 183

99. SMITH, D. *Why do most IT projects fail? It's not because of technology.* Portland Business Journal, Out. 2008.

100. KINGRISMAN, M. *Study: 68 percent of IT projects fail.* Disponível em: <http://www.zidnet.com>. Acesso em: dez. 2011.

101. The Visible Ops Handbook. IT Process Institute. 2012.

102. HARRIS, C. *IT Downtime Costs $26.5 Billion In Lost Revenue.* Information Week, mai. 2011.

103. BOOGS, R. ; BOZMAN, J. ; PERRY, R. *Reducing Downtime and Business Loss: Addressing Business Risk with Effective Technology.* IDC, ago. 2009.

104. Hollnagel, E. *Human reliability analysis: context and control.* London: Academic Press, 1993.

105. MACEDO, R. *Curso de Filosofia Política.* São Paulo: Editora Atlas, 2008.

106. *O Livro da PSICOLOGIA.* São Paulo: Editora Globo, 2012.

107. LETHBRIDGE T. *Sem política ninguém sobe nas empresas.* São Paulo: Revista Exame, Edição 853, 2005.

108. MAQUIAVEL. *O Príncipe.* São Paulo: Centauro Editora, 2010.

109. SELDMAN, M. *SURVIVAL OF THE SAVVY.* New York: Free Press, 2004.

110. SMITH, A. *A Riqueza das Nações.* 1ª Edição. São Paulo: Martins Fontes, 2003.

111. PORTER, M. *What is Strategy?* Harvard: Harvard Business Review. *November* 1996.

112. OVERBY, S. *How to Get Real About Strategic Planning.* Disponível em: <http://www.cio.com>. Acesso em: jul. 2012.

113. Booz & Company. *Our Leading Research on Strategy*. Disponível em: <http://www.booz.com>. Acesso em: dez. 2012.

114. WALLER, G. ; HALLENBECK, G. ; RUBENSTRUNK, K. *Excelência em Liderança para TI*. São Paulo: M Books, 2012.

115. YOUNG, C. ; ARON, D. *Identifying CEO Expectations and Delivering Against Them*. Artner Executive Programs Report, ago, 2009.

116. LINS, J. ; SOTOVITA, M. *Tendências em Capital Humano – Retenção de Talentos*. Disponível em: <http:// www.pwc.com.br>. Acesso em: mar. 2012.

117. EICH, R. *Líderes não dão ordens*. Rio de Janeiro: Thomas Nelson Brasil, 2013.

118. COVEY, S. ; MERRILL, A. ; MERRILL, R. *First Things First: To Live, to Love, to Learn, to Leave a Legacy*. New York: Simon and Schuster, 1994.

119. BRUM, H. É urgente recuperar o sentido de urgência. Disponível em: <http:// http://revistaepoca.globo.com>. Acesso em: mai. 2013.

120. SHPILBERG, D.; BEREZ, S. ; PURYEAR, R.; SHAH, S. *Avoiding the Alignment trap in Information Technology*. MIT Sloan Management Review, v. 49, n.1, 2007.

121. RAMIREZ, J. ; CAMARGO, G.; BECKER, D. *Como evitar a armadilha do alinhamento de TI*. São Paulo: Bain & Company. 2007.

122. GUARRAIA P.; SAENZ, H. ; FALLAS, E. *Como reduzir custos de forma sustentável e manter a redução a longo prazo*. São Paulo: Bain & Company, 2012.

123. PRAHALAD C.K.; HAMEL, G. *The Core Competence of the Corporation*. Harvard: Harvard Business Review, 1990.
124. VOCE S/A. São Paulo: Editora Abril, Maio 2000.
125. PEREZ, K. *A Rádio-peão no ar*. São Bernardo do Campo: UMESP, 2010.
126. SILVER, N. *O Sinal e o Ruído*. Rio de Janeiro: Intrínseca, 2013.
127. FERRAZ, E. *Seja a pessoa certa no lugar certo*. São Paulo: Editora Gente, 2013.
128. CAMPBELL, C. *Scapegoat: A History of Blaming Other People*. London: Duckworth Overlook, 2011.
129. Meia Verdade. Disponível em: <http://en.wikipedia.org/wiki/Half-truth>. Acesso em: ago. 2013.
130. FRIEDMAN, M. *Price Theory*. Chicago: Transaction Publishers, 2007.
131. MINTEZBERG, H.; AHLSTRAND, B.; LAMPEL, J. *Safári da Estratégia*. Porto Alegre: Bookman, 2000.
132. FORMAN, J. *Story Telling in Business*. Stanford: Stanford University Express, 2013.
133. PENNINGS, T. *Do Dogs Know Calculus?* THE COLLEGE MATHEMATICS JOURNAL, v.34, n.3, mai. 2003.
134. DEVLIN, K. *O instinto matemático*. São Paulo: Editora Record, 2009.
135. KAHNEMAN, D. *Rápido e Devagar duas formas de pensar*. Rio de Janeiro: Editora Objetiva, 2011.
136. CARPENTER, P.; JUST, M. ; KELLER, T. ; EDDY, W. ; THULBORN, K. *Graded Functional Activation in the*

Visuospatial System with the Amount of Task Demand. Journal of Cognitive Neuroscience, n.11, p.9-24, 1999.

137. ZIPF, G. *Human behavior and the principle of least effort: an introduction to human ecology.* Boston: Addison-Wesley Press, 1949.

138. MELVILLE, K. *Human Brain Applies Law Of Least Effort When Solving Problems.* Science a GoGo. Jun. 2002.

139. AVERSON, P. *Background and History of Measurement-Based Management.* Disponível em: < http://balancedscorecard.org>. Acesso em: dez. 2013.

140. LIVIO, M. *Deus é matemático.* Rio de Janeiro: Editora Record, 2010.

141. LUNDQUIST, E. *How IT's perceived by Business.* Information Week, out. 2012.

142. CRAMM, S. *Coisas que odeio em T.I.* São Paulo: Editora Saraiva, 2011.

143. The Future Laboratory. LS: *Global Trend Briefing Dossiers.* Disponível em: <http://shop.thefuturelaboratory.com>. Acesso em: mai. 2013.

144. McManus J.; Wood, T. *A study in project failure.* BCS. Disponível em: <http://www.bcs.org/content/conwebdoc/19584>. Acesso em: jun. 2012.

145. POLYA, G. *A arte de resolver problemas.* Rio de Janeiro: Editora Interciência, 2006.

146. ORTELLA, MARIO S. *Pensar bem nos faz bem!* Rio de Janeiro: Editora Vozes Ltda, 2013.

147. DIXIT, A.; SKEATH, S. *Games of Strategy.* New York: W.W. Norton & Company, 2004.

100 Questões Comentadas de TI (Tecnologia da Informação) Para Concursos

Autor: *Welton Ricardo*

176 páginas
1ª edição - 2010
Formato: 14 x 21
ISBN: 978-85-7393-984-2

Este livro traz uma compilação de questões de concursos públicos com gabaritos oficiais e resoluções comentadas das principais bancas examinadoras (CESGRANRIO, UnB/CESPE, Fundação Carlos Chagas e ESAF). São questões de provas voltadas especificamente para concursos públicos, cuja graduação exija curso de formação universitária superior na área de Tecnologia da Informação ou equivalente. Uma das novidades é que são abordados tópicos emergentes, tais como: Gestão do Conhecimento, Modelagem de Processos e SOA. Além de questões sobre Data Warehouse, Estrutura de Dados, PMBOK e Pontos de Função. Outra novidade é a disponibilização das fontes bibliográficas utilizadas nas respostas comentadas, objetivando facilitar a pesquisa, o entendimento e o aprofundamento teórico.

À venda nas melhores livrarias.

EDITORA CIÊNCIA MODERNA
WWW.LCM.COM.BR

Impressão e Acabamento
Gráfica Editora Ciência Moderna Ltda.
Tel.: (21) 2201-6662